Derrida for Architects

건축가를 위한 데리다

건축과 철학 / 건축가를 위한 사상가 Thinkers for Architects

건축가는 디자인 영감을 얻기 위하여 배움 이상의 무엇인가를 얻기 위하여 혹은 실제 유용한 비판적 체계를 연구하는데 철학자와 이론가들에 주목해 왔다. 이 독창적인 시리즈는 건축에 관하여 저술하였거나 건축 디자이너를 위한 통찰력을 제시한 작업들을 개진한 중요 사상가들에 대하여 매우 지적이고 분명한 안내와 지침들을 제공한다.

건축가를 위한 들뢰즈와 가타리 Deleuze and Guattari for Architects
Andrew Ballantyne 지음. 장정제, 송규만 옮김

건축가를 위한 하이데거 Heidegger for Architects
Adam Sharr 지음. 장정제, 송규만 옮김

건축가를 위한 이리가라이 Irigaray for Architects
Peg Rawes 지음. 국현아, 박보라, 장정제 옮김

건축가를 위한 바바 Bhabha for Architects
Felipe Hernández 지음. 이종건 옮김

건축가를 위한 벤야민 Benjamin for Architects
Brian Elliott 지음. 이경창 옮김

Derrida for Architects
건축가를 위한 데리다

Richard Coyne 지음
임기택 옮김

Spacetime

역자 소개

임기택

- 경원대학교 건축학과 졸업. 홍익대학교 건축학과 석 · 박사 졸업. TU Delft, EMU(Urbanism) 석사 졸업.
- 부천대학 건축과 전임강사. LH 도시재생사업단 선임연구원. 철학아카데미 강사. Het Architecten Consort 근무. 홍익대, 서울과학기술대, 경원대, 숙명여대 강의. 『건축설계 도면 보는법』 등 다수의 저역서.
- 현, 부경대학교 건축학과 전임강사

건축가를 위한 데리다

Richard Coyne **저 / 임기택 옮김**
1**판 발행** 2012**년** 3**월** 15**일 발행**

발행인 김기현
발행처 시공문화사 *Spacetime*
등 록 1993**년** 3**월** 12**일**
주 소 서울시 서대문구 현저동 200 **극동빌딩** 5**층**
전 화 02) 3147-1212, 2323
전 송 02) 3147-2626
ISBN 978-89-5592-225-7
http://www.spacetime.co.kr
spacetime@korea.com

정가 9,800**원**

차 례

시리즈 편집자의 머리글

아담 샤 Adam Sharr

건축가들은 흔히, 디자인 아이디어들을 위해서나 실무를 위한 어떤 비판적 틀을 찾으려고, 철학과 이론의 사상가들에게 시선을 돌려왔다. 건축가들과 건축학생들은 사상가들의 글들을 탐색하기 위해 분투할 수 있다. 그런데 텍스트들을 그 맥락에 대한 이해가 거의 없이 접근하는 것은 무척 힘들 수 있다. 그리고 기존의 소개서들이 건축 자료들을 자세하게 탐색하는 경우가 거의 드물다. 이 최초의 시리즈는, 건축에 대해 서술한 핵심 사상가들을 분명하고, 빠르고, 정확하게 소개한다. 각각의 책은 한 사람의 사상가가 건축가들에게 마땅히 제공하고 있는 것을 요약한다. 그리고, 그들의 건축적 사고를 그들의 작업물에 위치시키고, 중요한 저서들과 에세이들을 소개하고, 용어들을 풀이하는 데 돕고, 더 읽을 참고문헌들을 신속히 제공한다. 건축에 대해 쓴 철학책과 이론서가 여러분에게 어렵다거나, 어디서 시작할지 모른다면, 이 시리즈는 필수적이다.

*건축가를 위한 사상가*Thinkers for Architects 시리즈의 책들은 건축에서 나온다. 이 책들이 추구하는 것은 건축적인 방식으로 이해하는 것으로서, 한 사람의 사상가를 건축 청중들에게 소개하는 것을 목표로 한다. 각각의 사상가는 하나의 고유하고 독특한 에토스를 지니고 있고, 각각의 책의 구조는 그러한 특징을 초점으로 삼는다. 탐색하는 사상가들은 엄청난 저자들로서, 어떠한 간단한 소개로도 그들의 작업의 일부만 거론할 수 있을 뿐이다. 각각의 저자(건축가 혹은 건축 비평가)는, 자신이 디자이너나 건축 해석자에게 가장 적실하다고 판단하는 사상가의 글들에 선택적으로 주목했다. 불가피하게 많은 것이 배제될 것이다. 이 책들은, 건축가를 위한 한 사람의 특정 사상가에 대한 마지막 말이라기보다는, 첫 번째 기준일 것이다. 이 책들이 여러분들에게 한 사람의 특정 사상가의 원 저서

들을 더 탐구하게 할 하나의 자극이 되어, 더 많은 독서를 장려할 수 있길 희망한다.

*건축가를 위한 사상가*Thinkers for Architects 시리즈는 아주 성공적인 것으로 판명이 되어, 이제 일곱 권으로 늘어나, 건축디자이너, 건축비평가, 그리고 건축논평자들에게 독특하고 중요한 방식으로 영향을 미친 글들을 쓴 낯익은 문화 인물들을 다룬다. 이 시리즈가 탐색하는 사상가들은, 들뢰즈와 가타리Gilles Deleuze and Felix Guattari, 하이데거Martin Heidegger, 이리가라이Luce Irigaray, 바바Homi Bhabha, 그리고 멜로 퐁티Maurice Merleau-Ponty인데, 곧 출판될 예정으로 잡힌 제목은 벤야민Walter Benjamin과 부르디외Pierre Bourdieu를 포함한다. 이 시리즈는 계속 확장해서, 건축가에게 무언가 할 말이 있는, 점차 풍부해지는 다양성을 띤 현대 사상가들을 거론할 것이다.

아담 샤Adam Sharr는, 카디프 대학Cardiff University 웰시 건축학부 조교수, 아담 샤 건축사무소 대표, 그리고 캠브리지 대학 출판사에서 발행한 *arq: Architectural Research Quarterly*의 편집인(웨스턴과 함께)이다. 그는 『하이데거의 오두막Heidegger's Hut. MIT Press, 2006』과 『건축가를 위한 하이데거Heidegger for Architects. Routledge, 2007』의 저자, 『통제를 벗어난 특성: 건축 측정의 표준들Quality Out of Control: Standards for Measuring Architecture. Routledge, 2010』과 원시: 『건축의 근본문제들Primitive: Original Matters in Architecture. Routledge, 2006』의 공동 편집자다.

감사의 글

피드백을 해주고 이러한 주제를 발전시키는데 도움을 주었던 에든버러 대학교 예술문화 환경학부의 많은 동료들에게 감사의 말을 전하고 싶다. 명료하게 가이드를 해주었던 아나스타샤 카라디누와 사려 깊은 편집자로서 조언을 아끼지 않았던 아담 샤 Adam Sharr에게 감사를 전하고 싶다. 해체와 해석학의 주제로 나를 인도해주었던 아드리안 스노그레스의 영감 inspiration에 항상 감사한다.

이미지 자료

챕터 4, 프랭크 게리 자택 사진, 산타 모니카, 캘리포니아, © Richard Williams 사진

프롤로그

자크 데리다(1930-2004)는 명백하게 건축에 관련된 글을 쓰고 건축가들과 공동 작업한 극소수의 철학자였다. 그는 프랑스 식민지인 알제리의 유대인 가정에서 태어났다. 그는 파리 사범학교 Ecole Normale Superieure에서 철학을 전공했으며, 폭넓게 여행을 하고 미국의 여러 대학들과 긴밀한 관계를 맺었지만 그 학교(사범학교)에서 그의 학문적 경력의 대부분을 지냈다. 데이비드 마이킥스가 최근 저술한 데리다의 전기를 살펴보면 그는 매우 논쟁적인 인물로 등장한다(Mikics, 2010, pp. 69-70). 존경을 받았음에도 불구하고 데리다는 파리의 아카데미 시스템 속에서 편안하게 어울리지 못했고 오히려 해외에서 더 조화를 이루었다. 그는 1980년까지도 박사학위를 받지 못했다. 그 이유는 이전에 출판되었던 작업(Powell, 2006, p40) 때문이었다.[1] 데리다의 가장 중요한 저술은 1960년대에 등장했다. 그리고 건축가들과 연계된 것은 20년이 지난 1980년대 중반 이후였다.

이 책에서 내가 주장하고자 하는 바는 건축가들을 위한 자크 데리다의 사유에 대한 관심을 새롭게 하는 것이다. 데리다의 사유는 1980년대와 1990년대 '해체주의' 건축이라는 새로운 스타일의 출현을 정당화시키면서 건축에 전파되었다. 나는 이 운동(해체주의)이 데리다가 건축을 이해하여 기여한 면에 있어서 정말로 무엇이 급진적인가를 인식하는데 부족했다는 점을 주장하고 싶다. 그래서 나는 그것이 데리다가 기여한 부분을 재평가하고 잠재점인 면을 더욱 발전시키기 위해 논의할 것이다. 나는 해체주의 건축에 의해 생산된 형태와 공간보다는 오히려 건축이 실무적으로 행해지고 사유되고 교육되는 방식에 데리다가 기여한 점을 강조

1) 역주 : 서구의 사상체계와 기존학문체계의 근본을 뒤흔드는 그의 과격한 논설로 인해 보수적인 학계에서는 그에게 박사학위를 수여하는 것을 꺼렸다.

할 것이다. 이러한 분석을 통해 볼 때, 데리다는 건축에 두 가지 주요한 기여을 했다. 첫 번째는 그의 논쟁에 의해 시작된 건축의 제도에 대한 새로운 이해를 들 수 있는데, 그것은 건축허가, 조직, 기준, 리더십, 기록물 저장소 그리고 '규범' (훌륭한 건물의 사례들)이 있는 권위 있는 직업으로서의 건축이다. 두 번째는 데리다가 텍스트에 대한 분석과 철학문제에 대한 해결방식을 행했던 지적(知的) 접근방식이다.

그의 접근방식은 건축에 그가 도달했던 철학적 결론만큼이나 유용한 것이었다.

나는 이 운동(해체주의)이 데리다가 건축을 이해하여 기여한 면에 있어서 정말로 무엇이 급진적인가를 인식하는데 부족했다는 점을 주장하고 싶다.

이 프롤로그는 데리다의 저술에서 나오는 주요한 주제에 대해 간략하게 개괄하는 것으로 시작하려고 한다. 챕터 1에서는 특히 대립적인 것에 대한 사유의 전략으로서, 건축적 관점에서 그의 사유를 이해할 수 있도록 할 것이다. 건축에서 우리는 내 외부, 앞면과 뒷면, 공적공간과 사적공간, 구조와 장식과 같은 대립적인 것을 생각할 수 있을 것이다. 데리다는 말하기와 글쓰기, 기표와 기의, 중심과 주변과 같이 더욱 직접적으로 대립적인 것들을 다루고 있다. 챕터 2에서는 언어에 대한 그의 이해(그것이 어떻게 작동하는가와 그것의 문제가 무엇인지에 대한 것)를 통해 데리다의 기여 측면에서 좀 더 세부적인 것들을 다룰 것이다. 챕터 3에서 우리는 텍스트의 역할로서 사물에 대해 어떻게 쓰는지(write)에 대한 문제와 관련하여 언어주제를 제시할 것이다. 텍스트나 글쓰기의 형태로 건축을 사유하는 것은 그리 어려운 일이 아니다. 데리다는 텍스트적인 관계를 상호 연결시키는 글쓰기의 전략을 도입한다. 나는 여기서 데리다의 글쓰기가 풍부한 결합을 통해 동기를 유발시키고 영감을 불러일으키고 추동하는 것이며, 디자인과 관련된 사유에 있어서 가장 큰 반향을 일으켰다는 점에 대해 논할 것이다. 챕터 4에서는 데리다가 건축가들과 만난 것에 대해서 좀 더 자세하게 살펴볼 것이다. 그리고 챕터 5에서는 그의 공간에 대한 사유가 드러내고자 하는 바를 살펴볼 것이다. 챕터 6에서는 데리다의 학문적 위치를 지성계의 지형도에 위치시키고 건축가를 위한 그의 사유가 어떤 점이 급진적인가를 설명할 것이다.

데리다에 대해 글을 쓰면서, 유혹되는 부분은 데리다가 쓰려고 했던 것과 같이 글을 쓰려고 시도하고 싶은 생각이 들 수도 있고 지적 소재의 풍부한 실체로의 준비된 접근방식을 취하는 것이며, 언어적 색깔과 간접적인 암시를 하고 싶을 수 있으며, 독자들이 정말로 열심히 작업하는 마음이 들 수 있도록 만들고 싶을 수 있다는 점이다. 이 책을 읽으면서 그러한 효과가 독자들에게 우연히 생길 수도 있을 것이다. 나는 데리다의 사유를 조명하고 설명하면서 명료하게 하려고 할 것이다. 그렇게 단순화시키고자 하는 것의 위험한 점은 이렇게 복잡한 사유를 평범하게 설명하거나 분류하거나 이해하기 쉽게 설명하는 가운데 우리가 데리다에게 주의를 좀 더 기울이지 않게 만들 수 있다는 점이다. 나는 단지 이 책이 독자들에게 데리다를 더 많이 읽고 더 잘 이해하고자 독려하기를 희망할 뿐이다.

근원 Foundations

시작함에 있어서, 지적, 문화적 생활에서 확실성과 근원을 데리다가 거부했다는 점에서 그의 철학을 생각해보는 것이 가치가 있을 것이다. 건축담론은 바로 절대적인 것에 대해 호소한다. 특히 그중에서도 '정수 essence'와 같은 건축용어를 사용하는 것이 그렇다. 정수는 아마도 사물의 진정한 본질일 것이다. 그것은 본질적인 것이 아닌 것이나 우연적인 속성을 벗겨냈을 때 남는 것이다. 정수는 다른 모든 속성이 의존하는 모든 종류의 절대적으로 변하지 않는 핵심이다. 그래서 건축가는 나무, 돌,

그리고 유리의 본질적 특성을 취하려 하기도 하며 핵심이자 도시나 풍경의 특성을 규정하는 대지의 본질(도시의 분위기 genius loci)을 추구하기도 하기 때문에, 그것은 모든 사람들이 동의할 수 있는 것이며 이전에 설명한 대로 자체를 변형시킬 수 없는 특성이라고 단언할 수 있다. 건축 비평가나 소비자가 사르트르 대성당 Chartres Cathedral의 진정한 의미와 팔라디오의 빌라 로톤다의 정수, 건축의 핵심적 가치, 본질적인 사용자에 호소하는 한, 그들은 판단을 내릴 때 최후의 결정요소로서 근원과 확실성을 저항할 수 없는 호소의 요소로 표현할 것이다.

> 이것은 세계에 대한 근원적인 시각이다. 여러분이 사물을 만든다면 당신은 단순히 고립된 가운데 그 사물을 만드는 것이 아니라 주위 혹은 그 안에 있는 세계를 고쳐나가야 한다고 말할 수 있다. 그래서 한 장소의 더 넓은 세계는 더욱 일관적이고 더욱 온전하게 된다. 그래서 여러분이 무언가를 만든다면, 만드는 그 위치를 자연의 연결망 속에 위치시켜야 한다.
>
> (Alexander, *et al.*, 1977, p. xiii)

일관성, 전체성, 완결성 그리고 자연에 기여해야 한다는 호소는 건축에서 형이상학적이라고 부를 수 있는 것에 대한 적절한 표현이며, CAD 디자인과 제작과정으로 가능해진 복잡다양한 폴드건축의 형태와 관련된 최근의 사유에서 명확하게 드러나고 있다. 그것은 이질적인 요소들이 연속성이 생기는 융합과정이며 그들의 상태가 더 큰 구성물 속에서 일부 조각으로 존재하는 구성물의 전체가 되는 것이다(Lynn, 2004, p. 9). 데리다는 절대적인 것, 근원과 형이상학적인 것으로서의 그러한 일관적인 조화에 대해 호소하는 것을 목표로 하고 있다.

건축과 관련된 한 소론(小論)에서, 데리다는 건축의 신성한 근원에 경의를 보내며 최우선적인 원칙과 질서가 되는 기원 origin으로서, 모던 건축에서 향수로 남아있는 주택(자택) home과 주거 dwelling와 가정 hearth의 개념에 대해서 건축적 전통과 일치하는 가장 중요한 부분에 특별히 초점을 맞추고 있다. 그는 또한 어떻게 건축이 아름다움과 조화 그리고 완결성의 추구뿐만 아니라 사회적 개선과 인류에 대한 봉사에 목적을 두고 있는가에 대해 주목하고 있다. 데리다에게 있어서 그런 부분을 추구하는 것은 구체적이고 영속적인 구조물에 존재하는 건축외피로 강화되며 그것은 '마지막 형이상학적 요새로서의 건축' 을 만드는 것과 결탁하는 것이다 (Derrida, 1986, p. 328).

그러나 데리다가 건축의 근원주의와 관련하여 연구하는 대상은 그의 프로젝트에서 형이상학과 대립되는 중요성이 떨어지는 대상일 뿐이다. 형이상학은 과학적 관측과 합리성을 포함하여 어떤 원칙을 지탱하는 가정된 원칙과 근원을 다룬다. 데리다의 철학은 지식에 대한 근원과 절대적인 것과 확고함에 대해 회의적이기 때문에, 바로 그것들은 자연의 법칙이고 도덕적 원칙이고 미와 초월과 혹은 심지어 상식의 기준이 될 수 있는 것이다.

<u>데리다의 철학은 지식에 대한 근원과 절대적인 것과 확고함에 대해 회의적이기 때문에, 바로 그것들은 자연의 법칙이고 도덕적 원칙이고 미와 초월과 혹은 심지어 상식의 기준이 될 수 있는 것이다.</u>

데리다의 절대성을 추구하는 회의주의는 이 책의 이후 부분에서 집중적으로 연구하게 되는 유용한 출발점이 되고 있다. 절대주의자의 단언하는 문제는 상대주의가 만연하는 시기에는 그리 어려운 일은 아니며 우리는 확실성의 문제를 인식하는데 굳이 데리다의 도움이 필요하지는 않을 것이다. 질문의 여지가 없는 도덕적 교리를 선언하는 것은 아마도 변함없이 논쟁을 불러일으키고 일반적으로 '결정할 수 없는' 것으로 특징 지워지거나 적어도 예외와 경고, 사회적 변화의 기행에 지배받기 쉬운 것으로 특성화된다. 인류를 둘러싸고 있는 불확실성(역사, 문화이론, 철학,

정치학)뿐만 아니라, 심지어 불변의 과학 원칙까지도 바뀌고 발전되고 논쟁을 일으킬 수 있다. 몇몇 사람들에게 양자 물리학의 특수성은 베르너 하이젠베르크의 이른바 '불확정성의 원리'[2] (Heisen berg, 1958)에서 발전된 것과 같이, 불확정성이 자연의 구조 안에 이미 자리 잡고 있다는 증거를 제공하고 있다. 다른 한편, 절대성이 없는 삶은 종종 기초가 없고 의미가 없는 합리적 연구의 정도를 넘어서는 것으로 생각되었다. 철학자 리차드 번스타인에 따르면, 극도의 상대주의는 지적, 문화적 삶에 해결할 수 없고 불안한 토대의 절대주의가 동반한다고 한다(Richard Bernstein 1983).

형이상학에 대한 비평은 20세기에 지성인들을 위한 주요산물이 되어 왔다. 데리다가 기여한 것은 형이상학에서 가장 귀에 거슬리는 비판을 분석했다는 점과 비평가들 스스로가 형이상학적으로 행동하고 있음을 보여주었다는 점이다. 그래서 정치적 무정부주의자들은 법의 지배 상태를 훼손시킨다. 그러나 어쩔 수 없이 어떤 지배 혹은 메타-지배에 복종해야 한다고 호소한다. 무신론자들은 그것의 대체물로 전체화된 신의 개념으로 사용한다. 자유주의적 교육자들은 (미사 때 신부를 돕는) 복사(服事)와 같이 구속을 제시한다. 상대주의자들은 모든 진실이 상대적이라는 절대적 진리를 언급한다. 데리다는 그러한 낮은 수준의 대상에서 나타나는 모순에는 그다지 관심을 갖지 않는다. 오히려 데리다는 유럽 지성계의 거물급 현상학자들, 구조주의자들과 그들의 급진적 프로젝트로서 형이상학적 사유에 대해 완벽한 해체를 요구한 문학계 원로들과 논쟁하는 편을 선호한다.

데리다를 읽은 학자들은 그의 프로젝트를 형이상학을 붕괴시키는 것뿐

2) 역주 : 불확정성원리 不確定性原理, uncertainty principle: 양자역학에서의 기본적인 원리 중 하나이며 입자의 위치와 운동량을 전부를 세부적으로 정확하게는 알 수 없다는 원리이다. 불확정성원리는 입자의 에너지와 그 에너지가 지속되는 시간에 대해서도 성립할 수 있다.

만 아니라, 그가 이러한 결론에 도달한 과정에서 평가하고 배우는 것이 도움이 된다고 생각한다. 확고함의 해체를 지향하는 데리다의 논쟁은 새로운 어휘, 용어, 해석과 글쓰기의 이해를 성취하는 방법론으로부터 시작한다. 철학자 존 카푸토 John Caputo는 데리다의 전략들을 사용하면서 새로운 종류의 지적 자유를 주장한다(Caputo, 1987, p. 209). 이러한 독해로부터 학자들과 비평가들은 그들의 논쟁을 제기하고 논의의 실제 작업 대신에 주목할 때 제기된 확실성에 대한 외적 증명에는 그다지 의존하지 말아야 한다. 그들이 생각하는 것을 말하는 것과 가정을 드러내는 것, 의심하는 것과 추상적인 것보다는 실제 상황에서 그렇게 행동하는 것 등이 그렇다. 형이상학에 대한 데리다의 논쟁은 역시 보편성보다는 특수성을 드러내는 것을 선호하는 논쟁이다.

여기서 우리는 독자들이 데리다를 이해하는 데 있어서 많은 어려움들 중 한 가지와 만나게 된다. 데리다는 확실성과 근원, 본질과 우리가 이해하는 것, 즉 지식에 대한 핵심의 개념을 완전히 단념하라고 하는 것은 아니다. 결국 무언가 중심성이 부족한 구조의 개념은 생각할 수 없는 것 그 자체를 말하는 것이다(Derrida, 1966, p. 278). 나는 이 책의 나머지 부분에서 데리다의 사유에 있어서 그러한 명백한 모순에 대해 다룰 것이다.

데리다의 스타일

그가 행했던 형이상학과의 논쟁은 별도로 하더라도, 데리다를 독해하는 것의 강점과 방해물 중 하나는 그의 글쓰기 스타일인 전달 방식이며, 그것은 불확실성의 문제에 있어서도 극단적이고 영웅적이고 마술적이고 의심의 여지가 없는 것이었다. 때때로 그는 당시 지성계의 동료들 사이에서 주도적으로 논의되는 시각에 단순히 대립적인 입장만을 취하는 것처럼 보이기도 한다. 미킥스는 데리다를 '종말에 대한 반대론자' 로 묘사한다(Mikics, 2010, p. 213). 데리다는 타인에 대한 통찰력의 측면에서 존경스럽게 묘사될 수 있다. 그러나 바로 동의를 얻어내지는 못할 것이다. 그의 글쓰기는 논쟁적인 지적 콘텍스트를 만들어내는 문학적 비평에 도움이 되지 못했다. 저자의 라이벌적 입장에 해당되는 비교적 특성과 대립적인 특성이 존재하지 않는다. 항상 데리다는 무언가 중요한 것이 지적으로 위험에 빠진 것처럼, 혹은 반대자의 잘못된 관점을 바로잡을 필요가 있는 것처럼 글을 쓰는 것 같다. 데리다는 더 높은 권위를 위해서라면 가만히 뒷자리에 앉아 있지만은 않는다. 철학자 에드문트 후설의 소론, '기하학의 기원' 에 대한 그의 소개문은 그 소론보다 길다. 그리고 예를 들면 후설 자신이 기원이라는 것이 존재나 했는가 하는 그 자신의 입장을 사실 배반하는 방식이 중요하다고 강조한다(Derrida 1989a). 데리다는 스스로의 입장을 돌리고 다른 것을 설명하고자 하면서 다른 사람들이 데리다에 관해 글을 쓰는 것처럼 쓰지는 못했을 것이다.

데리다의 글쓰기는 또한 그것이 원고에 대한 주제를 다루고 있고 풍부한 주석과 그리스어로 된 이탤릭체 단어와 타이포그래피 전통에서 나온 많은 단어들이 제시된다는 점에서 '그라마톨로지적' 이며 애서가들에게는 논쟁적으로 매우 매력적이지만 아카데믹하지 않은 사람들에게는 이해하는데 방해물이 될 뿐이다. '차연 Différance' 으로 불리는 글에 나와 있는 형이상학에 대한 데리다의 사유를 소개하는데 다음의 인용문을 살펴보자.

> . . . 그것은 흔적의 유희로 부를 수 있다. 흔적의 유희는 존재의 범위에 더 이상 속하지 않지만 그것의 작용은 존재의 의미를 운반하고 포함한다. 흔적의 유희는 차연이며, 그것은 의미도 없고 존재도 없다. 그것은 어디에도 속하지 않는다. 아무것도 지속되는 것은 없으며 깊이도 없고 깊이를 알 수 없는, 존재가 게임 속에 말로 놓여 있는 체스 판이다.
>
> (Derrida, 1982a, p. 22)

이어지는 챕터에서 나는 데리다가 쓴 다른 더욱 산문체로 된 발췌문을 제시할 것이다. 사실, 이제는 누구나 유튜브 You Tube와 다른 온라인 매체에서 그를 만나볼 수 있으며 그와의 인터뷰와 세미나 발췌문은 그가 문자로 된 단어를 사용하는 것과 일치하지 않음을 데리다의 언설에서 여실히 확인할 수 있다. 그러나 이 발췌문에서 우리는 무엇을 이해할 수 있을까? 틀림없이, 그 문장들은 여기서 그들의 콘텍스트들과 대체된다. 그러나 여기서 증명되었던 문장구축과 문법을 불규칙하게 사용하면 매번 데리다를 해석하는 것이 어려울 수 있다. 데리다의 번역자들 중 한사람인 바바라 존슨은 데리다의 글쓰기를 종종 크게 소리 내어 읽을 수 있는 가능성과는 반대되는 것이며 영향을 미치는 문법과 문장구조가 있지만 '말할 수 없는 것' 으로 표현한다. 데리다는 때때로 독자들로부터 인식되고 있음을 가정하면서, 같은 단락에 다른 학자들의 글쓰기의 느낌이 나게 한다. 그의 에세이들은 대화의 도중에 시작하는 것 같고 더 많은 것이 남아 있는 것처럼 말미에 희미해진다. 교묘한 단어는 과도한 동음이의의 유희 pun를 하는 만큼, '배제된 중간' 의 논리적 원칙을 신중히 거부한다. . . 그 두 가지의 대립되는 개념들은 사실 그 사례 둘 다이다(Johnson, 1981, pp. xvi-xvii). 때때로 데리다는 실체가 흑과 백 둘 다이거나 둘 다가 아닐 수 있거나 결정 불가능할 수 있다는 것을 주장하는 것처럼 보인다.

때때로 데리다는 실체가 흑과 백 둘 다이거나 둘 다가 아닐 수 있거나 결정 불가능할 수 있다는 것을 주장하는 것처럼 보인다.

위에서 인용한 '차연 Différance' 이라는 소론에서 발췌한 글에서는 대문자로 시작하는 '존재 Being' 라는 단어를 가장 중요시한다. 아마도 철학자 마틴 하이데거(1889-1976)가 비판적이고 회의적으로 다루고 있다는 점을 고려했을 때 그 발췌문은 불변의 존재의 본질인, 대문자로 시작되는 존재 Being에 관한 것이다. 이 단어를 사용하면 데리다를 독해하는데 더 많은 어려움이 있음을 요약해서 보여준다. 철학적으로 훈련을 받지 않은 일반 독자는 그를 거의 이해할 수 없다. 일반 독자는 특정 철학적 · 문학적 작업(이 경우 현상학)의 실체에 대해 훈련을 받지 못했다. 데리다는 배경지식과 그의 논쟁의 콘텍스트에 대해 많은 해석자들의 주석과 논평들이 없었다면, 대부분 독립적으로 쉽사리 독해할 수 없다. 그래서 데리다는 이제 특정 작가에게서 나온 단일한 작업들보다는 다수의 번역자들, 해석자들, 비평가들, 작가들로부터 나오는담론으로 우리에게 다가온다.

그래서 데리다는 이제 특정 작가에게서 나온 단일의 작업들보다는 다수의 번역자들, 해석자들, 비평가들, 작가들로부터 나오는 담론으로 우리에게 다가온다.

그 발췌문은 단어, '차연 Différance' 을 포함하고 있으며, 그 프랑스 단어는 명백하게 데리다가 고안한 것이다. 그것은 '차이 difference' 와 '지연하다 defer' 를 결합한 것으로 후자는 '지연 delay' 을 의미한다. 데리다는 많은 사례를 통해서 인간의 경험과 지성적 생활이 어떤 것에도 지지되는 구조가 확실성도 불확실성도 없으며 사물들 사이의 차이만 존재한다는 것을 확언한다. 여기에서 차이는 근원에 대하여 형이상학적으로 요구하는 자리에 위치해 있다. 데리다는 하이데거가 발전시킨 논쟁점을 승계하고 있다. 그러나 여기에서 차연은 유보된 무엇, 그 뒤에 흔적과 기억을 남겨두는 지연된 존재를 암시한다. '흔적의 유희' 라는 아이디어는 남아있는 부가적인 잔여물, 즉 무언가 지워지고 다른 잔여물들과 섞여있는 흔적을 나타낸다. 체스 판에 대한 데리다의 은유는 그것이 깊이가 전혀 없을 뿐만 아니라 '깊이를 알 수 없는' 이상한 조건이 수반된다. 확실성이 있는 것 같은 부분은 토대가 없는 체스판 위에서 게임을 하고 있는 것이라는 의견이 있다. 그 체스 판은 무한대까지 확장된다. 아마도 그것은 의미에 대한 연구 혹은 언어 상태의 특정 의미는 심지어 심연이나 구렁텅이 위를 선회하거나 가장자리에서 게임을 하는 것과 같다.

희망적으로, 이 책의 말미에 이르러 나와 독자 모두는 데리다가 차이, 차연, 존재, 흔적, 게임(유희), 심연, 의미를 의미하는 것과 함께, 그것들이 어떻게 건축과 연결되는지를 포함하여 이러한 발췌문을 이해할 수 있게 될 것이다. 그래서 나는 독자들에게 이해를 지연시키도록 요구할 것이다. 데리다에 따르면 이렇게 지연해야 할 필요성은 대부분의 경우, 이해한다는 것이다. 이러한 발췌문이 등장했던 소론이 등장하고 이십년 후에, 데리다는 발췌문에서 건축의 콘텍스트 속에서 '유지하기' 혹은 '지속' 과 같은 또 다른 단어를 언급할 만한 것들을 가지고 있었다. 고의적인 아이러니로 사용되면서 maintanant 라는 프랑스 단어는 '지금' 이라는 뜻이다. 지금, 현재는 지연되기 쉽다.

데리다를 독해하는데 쉬운 방법은 없다. 그러나 특정한 논문이나 아티클에서 그의 논설은 핵심적인 문제의 용어를 이해하는가의 여부에 달려있다. 그의 전략은 이러한 특정 용어가 그의 주창자들의 논쟁에서 결정적이고 중추적이고 흥미롭다는 것을 종종 보여준다. 그러나 이후 데리다는 그 용어를 매우 모호한 것으로 보여준다. 그리고 이러한 모호함은 중요하고 철학적 문제에 관해 많은 것을 드러내고 있다. 그러한 용어들은 차연, 은유, 저장소, 파마콘, 형제애, 사인, maintenanta(지금), 코라 등을 포함하고 있다. 그의 아티클 중 어떤 것에도 데리다의 이성의 자물쇠를 여는 핵심중 하나는 그의 논쟁에서 나오는 핵심 용어인 중심성에 관해 명백하게 이해하는 것이다.

데리다의 사유의 대한 소개가 되는 마지막 주석으로, 우리는 그것이 건축과 관계를 맺는다는 점에서 데리다의 글의 색채와 근간에 주목해야 한다. 데리다가 전개하는 암시와 은유 중 많은 것들이 건축 콘텍스트에서 나오는 사례와 수사와 은유들을 사용함으로써(절대로 그것만이 아니더라도) 풍부하게 표현하고 있다. 그러한 글쓰기에서 그는 다른 주목할 만한 프랑스 사상가들 그룹에 속해있다. 자크 라캉(1901-1981), 미셸 푸코(1926-1984), 그리고 질 들뢰즈(1925-1995) 등이 그들이다. 풍부한 문학 데리다의 에세이 제목들과 키워드들은 호기심이 가득한 바로크적 상자나 초현실주의 예술가의 스튜디오와 연결될 수 있는 기록실의 세계, 초기의 출판매체, 필사실(筆寫室)과 연금술사의 방과 기계장치, 풍부한 재료적 실험을 생각나게 한다.

적, 문법적, 인쇄된 참고문헌은 물론 데리다의 소론 제목들과 키워드들은 호기심이 가득한 바로크적 상자나 초현실주의 예술가의 스튜디오와 연결될 수 있는 기록실의 세계, 초기의 출판매체, 필사실(筆寫室)과 연금술사의 방과 기계장치, 풍부한 재료적 실험을 생각나게 한다. 따라서 그것들은 건축 디자인 스튜디오에 있어서 자극이 될 가능성이 있다. 그것은 찾아낸 오브제들 (objets trouves) 즉 레디메이드에 대한 데리다의 열의를 더 많이 보여주는 것으로, 그는 2003년 브르통의 공동연구회의 폐막일에 초

건축디자인 스튜디오

현실주의자 안드레 브르통의 컬렉션의 소개에 반대하며 명백한 저항의 입장을 주도했다(Motycka Weston, 2006). 데리다의 철학적 '레디메이드'는 파마콘(조제술), 신비로운 글쓰기 받침(지그문트 프로이트를 통해서), 엽서(자크 라캉을 통해서), 접혀진 페이지, 유리 기둥, 상형문자, 고막(내부 귀의 추골), 피라미드와 거울, 글쓰기 등을 포함하고 있다. 데리다의 에세이 「고막」은 비트루비우스의 물레바퀴에 대한 주석이 있다(Derrida, 1982c). 데리다의 초기 주요 작업(Derrida, 1989a)은 기하학의 기원에 관한 것이었지만, 건축 제도사나 CAD 작업자에게 제공하는 것은 거의 없다. 이러한 암시들의 이국적인 본성에도 불구하고 많은 방식에서 데리다의 글쓰기는 일상과 실무적인 것에 의해 정보를 제공받는다. 내가 다음 챕터에서 지적하는 것과 같이, 건축 독해자는 유용하게 매우 실용적인 관점에서 데리다에 접근할 수 있을 것이다.

Chapter 1

건축에 대한 사유

어떤 건축가가 철학이 있는가에 대한 평가는 건축이 구축되고 언급하고 가르치는 방식에 있어서 어떤 점이 차별성이 있는가, 바로 그것이다. 프로의 삶으로서 건축가들은 무엇이 실질적인 차이를 만들까? 보다는 '그것이 사실일까?' 라는 질문과 그다지 관련될 필요는 없다. 적어도 이것이 건축가에게 도움이 되는 자크 데리다와 같은 철학자들의 철학과 이론에 대하여 내가 사유하기 시작하는 방식이다. 그런 과정에서 나는 건축 실무의 콘텍스트와 적합한 실용적인 심문조의 방식을 사용하는 것을 선호한다. 건축역사 구성과 건축연구는 물론 디자인, 문서화, 구축, 반영, 평가, 해석, 비평, 그리고 방어 등이 그것이다. 만약 우리가 데리다의 사유를 진중하게 받아들인다면, 나는 건축에서 이루어지는 여러 가지 실무적 상황과는 사뭇 다른 것을 만들 수 있을 것이라는 의견을 견지하고 있다.

실용주의 철학자 리차드 로티는 수학과 철학과 같이 관련된 실무영역을 연결시키는데 있어서 적절한 관점을 보여주고 있다. '몇몇 수학분야가 명백하게 엔지니어들에게 매우 유용하지만 그렇지 않은 수학도 상당수 존재한다. 수학은 공학을 상당히 앞지른다. 그리고 자체적으로 작동하기 시작한다' (Rorty, 1996b, p. 71). 그는 정치학과 관련된 철학에도 같은 것이 적용된다고 말한다. '철학은 우리가 말할 수 있기로는, 정치학의 범위를 앞서 나간다' (Rorty, 1996b, p. 71). 나는 철학과 건축에 있어서도 비슷하다고 덧붙이고자 한다. 철학에 도취되도록 만드는 것은 쉽다. 그것은 많은 훌륭한 철학적 구분과 난해한 논쟁에 의해 건축가로서 우리가 성취하기 원하는 것으로부터 가치를 손상시키는 것이다. 우리는 때때로 정치학보다는 덜 이론화되어 있고 건축 실무가 기술보다는 범위와 자부심이 더 많더라도 데리다의 사유를 실무에 되돌려 적용시키도록 노력할 필요가 있다.

어떻게 데리다의 영향력이 작동하고 있을까? 데리다를 독해한다고 해서 필연적으로 건축가들이 그들이 작업을 변화시키는 결과를 가져오지는 않을 것이다. 영향력의 네트워크 속의 결절 혹은 별자리 안의 중력가속도 영역으로서, 데리다의 것과 같은 철학적 글쓰기는 중재할 수도 있는 패러다임이나 실무영역을 생각해보라. 인터뷰에서 데리다는 내가 챕터 4에서 되돌아와서 논의하게 될 만남, 건축가 피터 아이젠만과의 관계에서 텍스트와 다른 방식의 창조적 생산물이 상호작용을 할 수 있는 방식에 대해 암시하고 있다.

> 그래서 나는 이 텍스트를 피터 아이젠만에게 주었다. 그리고 그 자신의 방식으로 그는 관련된 그러나 동시에 나의 텍스트와는 독립된 프로젝트를 시작했다. 그것은 진정한 협업이었다. 타자의 작업을 '사용' 하지 않고 단순히 묘사하거나 그것으로부터 선택하는 것이 아니고. . . 그래서 거기에는 일종의 투명성이 있거나 혹은 사건과 스타일과 사람들 사이에서의 생산적인 대화가 있었다고 말하고 싶다(Derrida, 1989b, p. 72).

그것은 임시적인 관계, 독립성, 투명한 레이어들 사이의 상호의존성, 대화, 스타일을 합치는 것, 개인들과의 상호반응 등이다. 이것들은 철학적 텍스트와 건축이 다른 분야에 영향을 미치는 메커니즘이다.

병치와 대립성

특히 디자인 아이디어가 일반적이지 않은 병치에 의해 자극을 받는 한, 건축적 양상은 이미 데리다의 사유의 방식을 받을 준비가 되어 있다. 스튜디오 중심의 건축은 많은 예술과 디자인과 함께 흔하지 않은 해석과 실무, 포장된 모습에 가치를 부여하기 위한 경향을 나누고 있다. 이러한 유산으로서 우리는 다양한 운동, 그 중에서도 다다, 초현실주의, 러시아 구성주의, 상황주의에 감사한다. 일반적이지 않은 병치는 단순히 그것이 필수적으로 속하지 않는 다른 것에 대항하는 하나의 실재의 배치이다. 우산대가 없는 우산은 호기심을 끌지 못할 것이고 수술대 위의 환자를 바라보는 시각도 호기심을 끌 수 없을 것이다. 그러나 수술대 위에 우산을 배치한다면 당신은 다른 시각이 생기게 될 것이다. 그래서 초현실주의 예술가 막스 에른스트 Max Ernst는 우산의 '레디메이드 리얼리티'가 수술대 위에 있는 재봉틀 기계와 같은 것과 배치될 때 그것에 대해 다음과 같이 쓰고 있다. 그 순간은 진실되고 시적인 새로운 절대성에 가능성을 제공해주는 순간이다. 그 우산과 재봉틀기계는 서로 사랑하게 될 것이다(Breton, 1969, p. 275). 이러한 방식으로 공통점이 없는 요소들의 조합은 연금술과 비유되어 왔다.

단어들과 사진, 소리의 콜라주와 몽타주는 '비합리적인' 레디메이드 요소들의 병치를 포함하여 많은 부분에서 같은 방식으로 기능한다. 건축 부문에서는 포도밭 속에 있는 나이트클럽 건물을 포함하여 버나드 츄미의 예상할 수 있는 스튜디오 프로젝트는 콜라주와 비슷한 방식으로 작용하는 자극적인 것을 디자인 한다(Tschumi, 1994). 혹은 디자이너는 도서관에 있는 수영장, 또한 텔레비전 스튜디오인 기차정거장, 할아버지의 시계로서의 마천루를 생각할 수도 있다.

그러한 병치의 효율성은 단순히 오브제를 배치하거나 아이디어를 임의로 배치하고 그래서 혁신을 요구하는 사례는 아니다. 거기에서는 콘텍스트가 결정적으로 중요하다. 사실 그러한 병치는 콘텍스트에 대해서 많은 것을 드러낼 수 있다. 그러나 병치에 대해 판단과 받아들임은 예술가-건축과 관찰자를 그 순간에 무엇이 공간적, 문화적, 그리고 지적으로 적합한지 조율하기를 요구한다. 여기서 상상과 해석과 판단의 역할이 작동하는데 그것은 이 상황에서 무엇이 맞고 무엇이 그렇지 않은지를 깨닫게 하면서 실용적인 것으로 우리를 회귀하게 한다. 예를 들면, 그것은 일상적이고 세속적이고 문과 벽을 병치시키는 것, 즉 문을 벽 속에 위치시키는 것은 아마도 매우 필요할 것이다. 문을 계단 앞에 놓는 것은 그것보다는 덜 일반적이다. 그러나 적절한 상황에서는 도전적이고 흥미롭거나 심지어 매우 기능적일 수도 있다. 접근하기 불가능하다고 생각되는 곳인 욕조 앞의 문을 설치하는 것을 고려하는 것이 적절한지는 모르겠지만, 세면대에 문이 삽입된 것을 바라보는 것은 일반적인 하우징 프로젝트에서는 거의 말이 되지 않는다.

전통적인 논리학자나 합리주의자는 이러한 병치의 과정이 어떻게 작동하고 수렴되는지와 어떻게 판단이 이루어지는지에 대해 설명을 요구할 수도 있다. 아마도 벽속에 문이 꼭 맞는 것, 계단이 층과 연결되는 것, 지붕이 건물의 최상부에 있는 것과 같이 무엇이 무엇과 함께 갈 수 있는지에 대한 법칙이 존재할 수도 있다. 아마도 거기에는 전통과 관련된 법칙이 있는데, 그것은 디자이너가 전통의 외부에 무엇이 있는지에 대해 결정하는 것이다. 무엇이 내부에 있고 무엇이 외부에 있는지를 결정하는 것은 대립성의 역할을 생각나게 한다. 무언가 관심대상을 병치시키는 것은 무엇이 그렇고 무엇이 그렇지 않은지, 무엇이 적절하고 적절하지 않은지, 그리고 무엇이 진실이고 진실이 아닌지 사이에서 대립적으로 작용한다. 몇몇 언어학자와 문화 이론가들은 어떠한 설명이 무언가 대립적이라는 것을 말할 것이다. 여러분은 진정 대립성의 개념보다 무언가 더 깊고 더욱 합리적이거나 더 정확한 것에 대한 생각을 떨쳐버리기 어려울 것이다. 실용주의자들에게 대립적인 것에 선행할 수 있는 유일한 것은 아직 더 많이 대립적인 것이 필요하다고 호소하는, 인간의 실행의 우선성이다.

여러분은 진정 대립성의 개념보다 무언가 더 깊고 더욱 합리적이거나 정확한 것에 대한 생각을 떨쳐버리기 어려울 것이다.

전략을 전체화하기

때때로 대립적인 것들이 있고 법칙이 있고 상상과 연속성이 있다고 가정하고 싶을 것이다. 이 모든 것들은 의미와 해석의 풍부한 작용으로 생겨나는 것이다. 그러나 여기에는 대담하고 더욱 흥미로운 철학적 전술이 작동하고 있다. 합리성이 완전히 대립적인 것이라는 것을 단언하는 것은 더욱 뜻이 깊다. 그것은 합리성이 때때로 대립적이고 때때로 연속체, 혹은 단일체 혹은 논리적 법칙과 관련되는 것이라는 것을 말하는 것보다는 몇몇 철학자들에게 더욱 만족을 주는 단언이다. 물론, 그렇게 전체화시키는 단언과 같은 많은 후보군들이 있다. 합리성은 언어에 있어서 법칙에 근간한 논리적, 수학적, 은유적, 문자적, 해석적, 상상적, 언어적이거나 혹은 유희적 특성이 있다. 그러한 모든 이해가 정확한 것인가?

놀이 이론가 요한 하이징가 Johan Huizinga는 전체성으로 작용하는 인간의 성향, 즉 과장하는 것에 대해서 흥미롭게 묘사하고 있다. 어린 아이가 집으로 달려 들어와 엄마에게 자신이 거대한 당근을 발견했다고 이야기한다. '얼마나 큰데?' 라고 어머니가 묻는다. '태산만큼 커요' 숨고를 틈 없이 대답이 돌아온다. 하이징가에게 가능한 거대하고 굉장한 것으로서의 아이디어를 만들고자 하는 욕망은. . . 전형적인 놀이−기능이고 아이의 생활과 특정한 심적 질병들 둘 다에 공통적으로 나타나는 것이다(Huizinga, 1955, p. 143). 다른 말로 하자면, 가장 기초적인 측면에서 인간은 거대한 것에 대한 생각을 가지고 행동하고 싶어 하고 그것을 극단으로 몰아가고 싶어 하는데, 하이징가는 그것이 바로 우리가 회복해야만 하는 것으로 생각한다. 이러한 전체화하는 전략은 마치, 모든 것이 당근으로 구성되어야만 하는 우리의 경험과 대립되는 것과 같이 확실하게 대립적인 측면을 보여준다. 전체적인 시각을 인정하는 것은 아마도 사회개혁가 칼 마르크스(Marx, 1977)가 일종의 온건한 사회 변혁을 초래하는 사회정의의 원인을 과장했던 자본주의 지배에 대한 유일한 해결책으로

혁명을 옹호했던 것처럼, 마치 어떠한 이슈를 강제하기 위한 수사적인 전략이다.

전체화된 시각은 사유의 대립적인 본성에 대한 사유를 다시 활성화시킨다. 합리성 모두가 자유로운 작용이거나 합리성 모두가 법칙이다. 확실히, 어떤 측면에서 두 가지 모두 자유로운 작용이거나 법칙이 아니라면, 그것은 자유로운 작용도 아니고, 법칙도 아니다. 대안으로 사려 깊은 비평가는 당신이 항상 전체화하는 요구사항이 있는 두 가지 시각 사이에서 결정해야만 하는 것은 아니라고 단언할 수 있다. 그러나 두 가지 모두 각자의 특성을 유지할 수도 있다. 사려 깊은 건축가는 그것들을 각각에 대항하여 작동할 수 있게 할 수 있다. 전체화의 시각은 자체적으로 결정불가능성에 대한 결정을 포함하여 이슈들을 결국 결정 불가능한 것의 결과인 지적 투쟁으로 만든다. 나는 이미 절대적인 것 대vs. 상대적인 것, 확실성 대vs. 우발성, 질서 대 무정부상태, 중심에 대한 요구 대 주변가장자리에 권위를 부여하는 것이라는 데리다의 대립적인 것에 대한 주목을 그리는 지적 전략들을 소개했다.

길항제 Agonistics 3)

만약 모든 것을 포함하는 시각이 놀이의 기능이라면, 그것들은 또한 일반적으로 전투와 과열된 논쟁 그리고 분쟁의 기능이기도 하다. 대립적인 것들은 논쟁적이고 불가지론적일 수 있다. 이 상태는 때때로 우리가 해결하기 보다는 오히려 보존하고자 원할 수도 있는 것이다. 건축에서의 모든 대립적인 요소들이 즉각적으로 전체화시키고자 하는 요구를 즐기는 것은 아닌 것처럼 보인다. 내부 대vs. 외부, 구조 대 장식, 서비스 공간 service space 대 서비스를 받는 공간 served space등이 그것이다. 그러나 어떠

3) 역주 : 어떤 약물이 다른 약물과의 병용에 의하여 그 작용의 일부 또는 전부를 감쇠시키는 역할을 하는 약제.

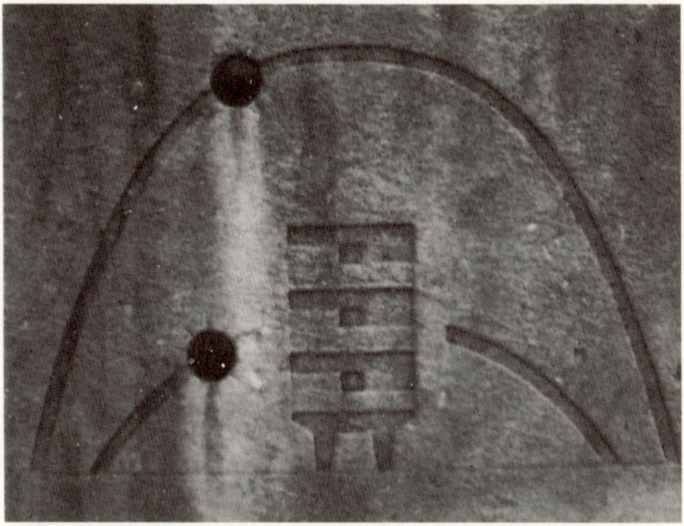

빛속에서의 형태. 르 꼬르뷔제의 마르세이유 소재 유니테 다비타시옹의 입구의 원기둥 주초에 새겨진 태양의 모티브

한 위치는 반대적 입장을 고려하기 싫어하는 입장을 지지하는 신봉자들로, 정말로 상반적이다. 그래서 직능인들은 윤리규약에 사인을 하려고 할 것이고 직능수행의 법률적 양식으로서 거의 대립적인 것(이식, 사리사욕, 절도)들을 즐기지 못할 것이다. 우리는 단지 옳은 것을 하려고 하는 것뿐이고 무엇이 잘못된 것인지 알지 못한다. 르 꼬르뷔제가 설명하듯이 '빛 속의 형태' 로서의 건축의 초기의 모더니스트 개념은 어두움 가운데 빛나는 형태전환의 중요성을 즐기지 못했다. 유사하게, 단순한 순수함이 있는 건축은 잡동사니가 내포된 건축을 즐길 수는 없다. 여기에서 대립의 한 극점에서 다른 극점으로 이동하는 것은 적어도 처음으로 렘 콜하스가 '정크 스페이스' 를 찬양한 것처럼 충격, 고통스러운 노력, 소란, 혹은 걱정의 요소로 효과를 줄 뿐이다(Koolhaas, 2004).

만약 투쟁의 요소가 주요하게 대립적인 요소들에서 뚜렷하게 나타난다면, 그것은 더 작고 더 현지화 된 극단적인 지점에 영향을 끼칠 것이다.

건축이 빛 가운데 형태로 만들어졌다고 주장하는 것과 건축이 빛과 어두움 사이에서의 저항을 포함하고 있거나 소음과 침묵, 감각적인 영역의 포화상태와 총체적 부재 사이에서의 문제를 발생시키는 영역을 점유하고 있다고 주장하는 것 사이의 차이를 생각해보라. 건축의 가장 단조로운 대립적 요소들조차도 무언가 정말로 위험에 처해 있다는 것을 드러내면서 형태화될 수 있다. 이러한 점이 건축가들에게 유용한 데리다적인 것이다. 거기에는 항상 무언가 이슈가 되는 것이 있으며 위험성이 높다. 주류뿐만 아니라 명백히 비주류의 대립적인 것들이 주로 불가지론적이고 문제가 되는 것으로 공통적으로 다루어진다. 문제의 조건이 되는 데리다의 용어 중 하나는 아포리아 aporia 4) 이며, 이 단어는 당혹감과 관련되어 있는 고대 그리스 단어이다. 존 카푸토(Caputo, 1987; Derrida, 1993)와 같은 데리다의 비평가들에게 있어서 이것은 그의 사유의 핵심이다. 그 작업은 그것을 해결하기보다는 당혹감과 모호함이 살아있도록 유지하는 것이다. 무언가 상상 속에서의 해결방식은 그 자체로 더 많은 모호함과 복잡함을 내포하고 있다는 것을 보여주는 것이다.

이러한 점이 건축가들에게 유용한 데리다적인 것이다. 거기에는 항상 무언가 이슈가 되는 것이 있으며 위험성이 높다.

대립적인 것을 조합하기

대부분의 경우에서 데리다는 비록 까다롭고 논쟁적이지만 세심하고 정확한 면에 있어서는 대가이다. 확실성을 뒤집고 모호함이 작동하게 만들기 위해 전통을 전복하려고 시도해왔던 다른 많은 인물들이 있다. 여타

4) 역주 : 원래의 뜻은 통로나 수단이 없는 것, 막다른 도로 등을 의미한다. 아리스토텔레스는 해결하기 어려운 일들을 의미한다고 했으며, 같은 두 개의 서로 다른 합리적 의견이 제출될 때 아포리아가 있다고 한다. 이러지도 저러지도 못하는 논리적 난점을 의미할 때 주로 사용한다. 인간이 이 세상에 던져지고 난 이후, 나라는 존재는 자신이 속하고 있는 자연과 사회라는 환경에 속하여 회피할 수도, 포기할 수도 없는 상황(Aporia)에 처해있게 될 수밖에 없다.

지식인들이 귀에 거슬리는 단언, 선언, 구호에 의지하는 반면, 데리다는 종종 목표가 된 저자가 인식하지 못할 수도 있는 미묘하고(난해하고) 주변의 전략을 선택하여 텍스트와 그의 적들의 음성적 전략의 비평에 대한 면밀한 해석에 집중한다. 많은 성취를 이루는 가운데 데리다는 문학과 예술의 전통은 물론 전체적인 철학적 전통을 올바르게 이해했다. 그의 글은 그가 논쟁을 벌이고 있는 중에 있는 다른 비평가들의 저작과 암시에 집중했다. 그는 주장하거나 방어하고자 하는 저자의 입장 자체가 이미 저자가 논쟁을 하려고 시도하는 바로 그 입장에 의존하고 있다는 것을 보여주면서, 그의 지적 근원을 동요시킨다. 데리다는 자기 확신을 가지고 민첩하게 글을 썼다. 그리고 때때로 고의적으로 신경을 거슬리게 하고 그의 독자들을 혼동시키게 한다.

요약해 말하면, 데리다의 논의에는 항상 위험 속에 있는 무언가 심각한 것이 있다. 그는 철학과 문학에서 나온 가치가 있는 대항자인, 텍스트에 초점을 맞춘다. 그의 논쟁은 그것에 대립적인 것과 무언가 이전의 것들을 포함하고 있다. 다음 챕터에서 우리가 보게 될 것과 같이, 그는 어떻게 대립적인 것 속에 존재하는 특권화된 진술이 중요성이 더 적은 용어에 의존하고 있는지를 말하고자 한다. 그리고 그는 일반적으로 용어학에서의 재개정을 포함하여 그것의 재정의와 회복을 통해 중요성이 더 적은 용어의 복권에 대해 논쟁하고 있다. 어떤 면에서 데리다에게는 일종의 공식이 존재한다. 데리다의 전략의 실용주의적 옹호자인 리차드 로티는 따라서 이러한 공식과 같은 방식을 다음과 같이 패러디하고 있다. '자기 모순적인 것으로 보일 수 있게 만들 수 있는 무언가를 찾으라, 그러한 모순이 텍스트의 중심이 되는 메시지라는 것을 주장하라, 그리고 그것에 대한 어떤 변화를 불러일으키라' (Rorty, 1996a, p. 15) 그 학자가 그의 작업을 그러한 공식으로 보고 있다는 것은 데리다와 관련되어 있다. 나는 건축이 자크 데리다의 사유를 받아들일 준비가 되어 있는 대립적인 것들과 일반적이지 않은 병치와 관련이 되어 있다는 것을 주장하고 있는 것이다.

Chapter 2

건축과 언어

데리다의 초기 작업은 현상학이라고 알려진 철학운동과 그 철학의 최초의 주창자였던 에드문트 후설(Derrida, 1989)을 다루었다. 후설은 이후 마틴 하이데거의 스승이었던 사람이다.

따라서 데리다를 현상학을 배운 학생이자 비평가로 생각하는 것이 합리적일 것이다. 그러나 그의 끼친 가장 큰 영향은 언어이론, 특히, 구조주의와 관련된 것이며, 그의 독창적 작업, 『그라마톨로지에 관하여』(Derrida, 1976)의 주요한 주제이다. 여기에는 언어 이론들과 데리다가 그들과 어떤 관계를 맺고 있는지를 소개해주는 매우 도움이 될 만한 여러 권의 텍스트들이 있다. 테런스 호크스 Terrence Hawkes의 책 『구조주의와 기호학(1977)』과 같은 책들은 언어이론과 철학에 익숙한 독자층이 아닌 일반독자를 위해 구조주의를 매우 간명하게 설명하고 있다. 더욱 핵심적인 설명을 해주는 텍스트는 크리스토퍼 노리스 Christopher Norris의 『해체: 이론과 실제 Deconstruction(1982)』인데, 이 책은 명백하게 데리다 사상의 배경을 다루고 있다. 조나단 컬러 Jonathan Culler의 『해체에 대하여: 구조주의 이후의 이론과 비평 On Deconstruction: Theory and Criticism after Structuralism (1985)』은 명백하게 건축가인 피터 아이젠만에 대한 영향력에 관한 글이며 데리다의 사유에 대한 소개를 제공하고 있다. 프레드릭 제임슨 Fredric Jameson(1972)은 구조주의를 더욱 확장된 문화적 콘텍스트에 위치시키는 데 도움을 주고 있다. 나는 본질상 이들 텍스트들을 여기에 가져와 위치시켰다. 언어와 건축 부문에서 더욱 중요한 텍스트가 1969년에 출판되었는데, 그것은 『건축에서의 의미』라는 제목의 책이며 찰스 젱크스 Charles Jenchs와 조지 베어드 George Baird가 편집했다. 그 책은 데리다가 영향을 끼친 것보다 이전에 출판된 것이며 건축 이론가들이 쓴 일련의 글들로 구성되어 있다. 그 책에서 진보를 성취했던 주요한 이론으로 '기호학' 이라는 용어가 유행했지만 구조주의와 관련된 것이었다. 다른 책에서 나는 그들이 디지털 매체와 IT(Coyne, 1995, 1999, p. 120-134)와 관련됨에 따라 언어와 구조주의의 설명을 되풀이해 언급하고 있다. 여기에서 나는 건축과 관련된 논쟁에 관심을 돌렸다.

건축은 언어인가? 건축의 언어학적 관점으로부터 나왔다는 것을 비판하는 사람들이 있다(Seligmann and Seligmann, 1977; Scruton, 1979; Donougho, 1987). 그러나 그 이슈에 대해 논쟁이 있다는 것은 언어가 건축적 주제와 뚜렷하게 관련이 있다는 것을 말해주고 있다. 그래서 나는 건축을 언어로서 이해하는 것으로 시작하고자 한다. 건축가들이 정확한 형태와 모양과 고전적 파사드의 윤곽에 호소하려고 하는 한

건축의 고전적 어휘. 안드레아 팔라디오 설계. 비첸차 소재 발마라나 브라가 팔라초

(Summerson, 1963), 그들은 교정矯正과 문법에 호소하는 것이다. 말하기와 쓰기로서의 언어에는 문장으로 되는 인식가능하고 정확한 형태가 있다. 단어들은 명사, 동사, 형용사, 부사, 기타 등으로 분류된다. 그리고 단어들은 이러한 분류에 따라 연계되어 서로가 위치를 찾아야만 한다. 영어에서 형용사는 일반적으로 언급되는 명사에 선행하여 배치된다; 모든 문장들은 동사가 있어야만 한다. 다른 언어와 방언들은 다양한 문법들을 보여준다. 아마도 건축은 유사하게 문법으로서 기록될 수 있고 분석될 수 있는 전통에 적합하다. 공간들은 특정한 방식으로 또 다른 공간과 연계되어 배치된다. 서비스를 받는 공간 spaces served에 인접한 서비스 공간 service space인, 집의 욕실은 침실과 인접해 있어야만 한다. 그리고 앞마당은 입구 전면에 등장해야만 한다(Alexander *et al*, 1977).

건축학과 학생들은 건축어휘를 배운다. 그리고 건축설계회사의 신입사원은 디자인 요소들을 확인하고 배치하는 회사의 방식을 받아들인다. 디자이너들은 새로운 공간 어휘들을 고안할 수도 있다. 여기에 특히 문장이 함께 배치되는 방식인 문법의 문제 있어서, 스타일, 문법, 전통, 법칙과 형식적이고 기능적이 배치의 개념이 언어상의 개념과 합치된다.

그러나 언어는 우리가 의미, 즉 의미론을 생각했을 때 건축에서 가장 뚜렷하게 드러난다. 디자인 이론가 빅터 파파넥 Victor Papanek(1971, p. 3)에 따르면, '디자인은 의미 있는 질서를 부여하기 위한 의식적인 노력이다.' 그것은 건축가들이 의사소통하는 의미 있고 상징적으로 풍부한 장소들을 창조하거나 더욱 풍부하게 하기를 원하는 것처럼 보인다. 어떠한 경우에도 건물과 같은 인공물들은 피할 수 없이 다른 사물과 개념들과 기억 혹은 장소에 대한 참조물이 된다. 건축은 이러한 의미와 참조물의 언어 기능을 보여주는 것처럼 보인다. 건축은 참조물을 만드는 매개체로서의 언어 기능을 보여준다. 그리고 건물들은 참조물이 종종 만들어지는 오브제이다. 데리다의 사유가 의미와 언어에 관해 무언가 말할 것이 있는 한, 그것은 건축과 관련되어 있다.

데리다의 전략은 해체주의라는 단어로 종종 용어정의가 된다. 이 용어는 저서 『그라마톨로지에 관하여』에서 그가 소개하고 있다. 데리다는 텍스트의 뚜렷한 합리성이 그 자체의 논의를 포함하는 '분리-구축 de-construction' 인 해체를 언급하는 것이며 파괴를 말하려는 것이 아니라 분리를 말하는 것이라고 언급하고 있다(1976, p. 10). '해체' 라는 용어는 명백하게 구축 혹은 적어도 구조의 개념에 반대되는 것으로 등장한다. 바로 여기에 건축적 함의가 있다. 그러나 해체로부터 가장 직접적인 참조가 되는 것은 구조주의로서, 그것은 언어와 문화이론에 있어서 매우 영향력 있는 운동이었다. 해체는 또한 후기구조주의로 명명되어 왔다. 그래서 데리다를 이해하기 위해서는 구조주의에 의해 무엇이 의미가 되는가를 파악하는 것이 필요하다.

<u>데리다를 이해하기 위해 구조주의에 의해 무엇이 의미가 되는가를 파악하는 것이 필요하다.</u>

언어와 역사

언어에 대해 최초의 공식적이고 정밀한 연구는 일반적으로 페르낭 소쉬르(1857-1913)에 의한 업적이었으며, 그는 스위스 태생 프랑스 학자로서, 일반 언어학 강의라고 명명된 언어에 대한 강의록이 1916년에 출판되었다. 그 시기 이전에 언어학은 주로 비교 문헌학으로부터 나온 산만한 학문이었다. 문헌학은 구어중심의 언어라기보다는 주로 텍스트와 그들의 해석과 번역과 관련하여 역사학적으로 유명한 학문이었다. 비교 언어학은 언어들과의 관계와 관련된 것이었다. 그것은 언어의 계통과 관련된 것이고 어떻게 하나의 언어가 다른 것으로부터 나온 것이며, 그것은 식물학자가 어떻게 하나의 식물종이 다른 종으로 진화하는지를 관찰하는 것과 같은 방식이다.[5] 이러한 언어의 역사화는 다른 것들이 도출되는 기원이 되는 언어가 존재할 수도 있다는 주장과 결코 동떨어져 있는 것이 아니었다. 그래서 문헌학자 윌리엄 존스 William Jones(1746-1794)는 산스크리트어가 '그리스어보다 좀 더 완벽한 구조이고 라틴어보다 좀 더 어휘수가 많고, 다른 언어보다 좀 더 섬세하게 다듬어져 있다' 라고 기록했는데, 그것은 그들에게 표현하기 어려운 '공통의 원천 source' 를 지적하는 시각이다(Harris, 1999, p. 3). 프랑스 사회 이론가 장 자크 루소는 데리다가 종종 참고했던 사람이며, '이미지, 감정, 그리고 형상' 에 대한 이러한 상형문자적인 가설의 기원이 되는 언어특성을 기술하고 있는 중요한 글, 「언어의 기원에 대한 소론」을 썼다(Rousseau, 1966, p. 15). 이제 기원적인 언어(혹은 최초의 언어들)의 존재에 대해 논쟁하는 사람은 거의 없지만, 언어변화의 연구가 어떻게 하나의 언어나 방언이 다른 언어와 관련되고 전개되는가가 여전히 역사 언어학에서 관심사이다(McMahon, 1994).

그러나 소쉬르는 언어와 언어그룹에 공통적으로 존재하는 구조의 중요성을 강조하면서 이렇게 역사적으로 유명한 어휘에 대한 강조에서 벗어나려고 시도했다. 그는 체스 판의 형세가 게임형국과 다음 움직임을 일반적으로 보면서 정보를 제공하기에 충분하다고 보았으며, 체스게임이라는 유추를 끌어들였다(Saussure, 1983, p. 83). 말의 움직이는 상태는 게임판에서 현 관계들에 의존한다. 독자는 현재의 상태에 이르게 했던 말의 움직임의 이전 행보에 주목할 필요가 없다. 체스의 경우에서처럼, 언어 역시 시간속의 어느 시점에서 전체 시스템 속에서의 관계와 관련된 것이다. 어느 경우에도 언어의 변화는 어쩔 수 없이 조각난 것이고 연속적인 진화의 디테일에 초점을 맞추는 것은 어떻게 언어가 기능하는지에

5) 역주 : 소쉬르 이전의 언어연구는 단어가 남성, 여성, 중성이냐, 혹은 어근, 어간, 어미가 어떤 단어에서 파생되어 나온 것이냐 하는 따위의 문제들에 집중되어 있었으나, 소쉬르는 인류공통분모로 사유하고 분석할 수 있는 공통분모와 같은 언어의 근본구조, 공식에 대해서 연구했다.

대한 더 큰 그림을 구성하는 관계의 구성 집합을 빠뜨린다.

그래서 소쉬르는 공시적(독립적이거나 평행한 시간) 언어학 차원이 통시적 차원보다 더욱 중요하다고 제시함으로써 그 시기의 정통성과 결별했다. 통시적이거나 역사학적으로 중요한 언어연구는 언어가 제때에 변화하는 방식에서 어떻게 언어가 각자로부터 도출되어 나오는지에 대해 초점을 맞추고 있다. 언어의 동시성을 연구하는 것은 그것이 진화하는 가운데 한 시점에서 어느 특정 언어속의 구조를 보고 그것을 다른 언어들의 구조로 비교하는 것이다. 그래서 다른 언어들은 개인의 소리패턴과 현지의 문법적 차이의 특수성을 초월하는 것처럼 보이는 구조적 유사성을 지니고 있다. 소쉬르에게 있어서 우리는 세계의 언어들을 통한 한 부분 혹은 언어의 기원을 바라보기보다는 오히려 어떤 순간이라도 세계 언어들의 다수성 속에서 유사성과 차이를 보는 것과 모든 언어들의 현재 상태를 연구함으로써 더 많은 것들을 배울 수 있다.

그래서 소쉬르적인 언어의 접근방식은 구조주의자적인 것으로 간주된다. 그것은 어떤 특정 언어가 독립적으로 얼마만큼 진화될 수 있는지에 대한 것이며, 그것은 언어의 공시적 연구와 관련이 되어 있다. 구조주의는 언어 구조의 중요성이라는 핵심을 취하는 언어 이론과 문화이론속의 운동이다. 그리고 그것은 이미 계보와 기원의 개념방향에 회의적이며 그것은 후에 데리다에 의해 공유되고 발전된 회의주의이다.

소쉬르가 반대했던 것에 대항하는 언어적 정통성은 18세기와 19세기 이론가들이 건축에 대한 사유했던 방식과 평행선을 달리고 있다. 우리가 건축을 언어로 생각하는 한, 자체적으로 역사의 교훈이 있다. 건축사가 조셉 릭워트 Joseph Rykwert는 비트루비우스의 글에서 명백하게 나타나고 있고(Vitruvius, 1960) 로지에(Laugier, 1977)와 러스킨(Ruskin, 1956)을 통해서 나타나는 건축적 기원에 호소하는 건축 담론의 경향에 대해 설명하고 있다(Rykwert, 1997). 일반적인 건축신화에 따르면, 건축적 인공물을 시작은 '원초적 오두막' 이다. 그것은 고전적 오더와 고딕에서 명백하게 주장하는 것과, 그리고 더 정밀하게 분석하자면 다른 곳에서는 부수적인 형태에서 나오는 건축적 고안물의 표현하기 어려운 원초적 순간이다. 오두막은 나무줄기를 변형시킨 건축적 원형으로, 나무 기둥으로 생각할 수 있다. 풍성한 나뭇잎 부분은 지붕이 된다. 이후 전체적인 조합은 돌로 모방된다. 건축의 기원에 관해서 다른 이야기도 있다. 합리주의 교육자인 듀랑 Jean Nicolas louis Durand(1796-1886)은 '유용성' 에 근거하여 로지에의 대안적인 이야기를 만들어 냈고, 이야기 끝부분에 가면 그는 구축된 형태의 파생 유형학을 발전시켰다(Durand, 2000). 듀랑의 책은 기능적인 변화에 근거하여 여러 세대에 걸쳐 단순한 바실리카 형태로부터 시작한 성당의 전개과정를 보여준다. 건축이 그 자체의 기원을 되돌아보고 스스로 진화에 관해 생각하는 한, 그것은 기록과 그것의 관계를 분석하는 것에서 우리가 현재에 통용되는 것을 선호하는 공시적 분석에 반대하여 일종의 통시적인 분석으로 참여한다. 이것은 각각의 시대가 건축이 표현을 하고 있는 '정신' 을 가지고 있다는 생각을 포함하면서, 단순한 것에서 더욱 진보된 것, 즉 역사에는 '목적성' 이 있다는 건축 역사를 이해하고 발전시키는 필요성을 비판하는 것이 아니라 오히려 건축의 진화와 과정에 대한 일종의 신념, 즉 건축 역사주의를 비판하고 있는 것이다(Runes, 1942, p. 127). 그것은 과학 철학자 칼 포퍼 Karl Popper와 건축 이론가 데이비드 왓킨 David Watkin(Popper, 1957; Watkin, 1977)에게 비판 받기 쉬운 시각이다. 역사주의는 역사에는 목적이 있을 수 있고, 건축과 같은 문화적 현상은 기원으로 거슬러 올라갈 수 있다. 데리다는 명백히 이러한 역사주의에 대한 회의주의적인 생각의 후계자이다.

대응 Correspondence

소쉬르는 또한 단어들이 몇몇 외적 현실에 있어서의 실제적인 것과 관련되어 있다고 생각하는 당시의 전통에 맞서 싸웠다. 초기의 학자이자 신학자인 어거스틴(354-430)은 유아들이 말하기를 배울 때 사실 그들 주위에 있는 사람들, 즉 구어와 사물사이의 결합으로부터 기억하는 것이라고 생각했다. 그것은 그들이 이름을 사물에 부여한다는 것이다(Augustine, 1991, p. 18). 이러한 대응 이론은 '가장 오래된 고어 이론' 으로 낙인이 찍혀져 왔다(Jameson, 1972, p. 30). 언어에 이름을 짓는 작업은 언어 사용자가 단어들이 구체적이거나 불연속적이거나 물리적이지 않은 것(예를 들면, 빨간, 다섯 개의, 강한)과 관계될 수 있는 너무나 많은 개념들과 아이디어와 오브젝트가 있다는 것을 깨달았을 때 쉽게 의심받을 수 있다. 소쉬르는 과학과 역사, 문법에서 바로 감지할 수 있는 확실한 단위가 무엇인지를 정확하게 인식하는 문제에 대해 논의하고 있다. 구조주의 논평가인 프레드릭 제임슨이 지적하고 있듯이, 비교 이론과 이후 양자 물리학은 대응적인 시각에 대한 문제를 제기한다. 예를 들어 빛의 파동과 입자와의 논쟁의 경우, 제임슨은 '조사연구가 인식의 한계에 도달했다는 것을' 지적한다; 물질들은 더 이상 서로가 그들 자신의 물리적 구조에 의해 고립되는 사물이나 유기체가 아니다. 그리고 그것은 다양한 방식으로 분류되고 해부될 수 있다(1972. p. 14).

어휘의 바깥에 있는 외부의 현실에는 무언가 구체적인 사례가 존재하는 대신, 언어가 작용하는 것처럼 보인다. 우리 인간은 우리자신을 이해하게 만든다. 그리고 우리는 언어의 도움으로 일을 해낼 수 있다. 특정 사회 그룹은 특정 콘텍스트 속에서 단어들를 사용하는 방법을 배운다. 결국 모든 언어가 대응과 사용보다는 독립적인 실체와 관련성이 더 적을 것이다(Wittgenstein, 1953). 소쉬르에 따르면 단어 사물 사이의 연결은 특정한 근원을 가지고 있지 않다. 그것은 언어 커뮤니티의 일치에 의해 결정된다. 그래서 같은 사물이라도 다른 언어에서는 다른 언어가 사용될 수 있다는 사실이 명백한 것처럼, '집' 이라는 단어는 전통적으로 거리의 이면에 지어진 실체와 아무런 특별한 관계를 만들지 못한다. 그래서 단어와 사물 사이의 관계는 '임의적' 이다. 그리고 집 house으로 언급되는 사물은 개념정도의 오브제가 아니다. 언어와 실재에 관한 소쉬르의 급진적인 입장은 그의 제안에 의해 다음과 같이 요약될 수 있다. "언어적 사인은 사물과 이름 사이의 연결이 아니라 개념과 소리 패턴사이의 연결이다"(Jameson, 1972, p. 66). 그래서 소쉬르는 언어가 그 자체를 초월하는 실재를 필요로 하지 않는 언어연구의 시스템적인 방식을 제공한다.

따라서 구조주의 언어이론가들은 이러한 기표와 기의의 관계에서 생기는 문제를 매우 중요하게 생각한다. 때때로 그것은 다른 것에 대해 그것이 우선적으로 작용함을 암시하면서 평형과 비율로서 표현되고, 평행선 위로 위치한 '기표' 가 있고 그것 아래로 '기의' 가 위치하는 것이 필요하다. 공통적으로 두 개의 용어들은 앞의 슬래쉬 (separatrix)에 의해 나누어지는데, '/' 는 구조주의에 계속 나오는 상징이다.

정신분석 철학자인 자크 라캉은 때때로 다른 형태의 수학적 분수인 S/s 로서의 관계를 언급하고 있다(Lacan, 1979). 기표와 기의 사이의 관계는 종종 '사인적 상황' 으로 언급되고는 하는데, 그것은 이미 언어가 사물을 언급하는 사인으로 구성되어 있다는 일반적인 시각을 벗어난 것이다. 구조주의에서, 사인적 상황은 기표와 사인의 시스템 속에서 의미화된(기의된) 사물을 암시한다.

<u>기표와 기의 사이의 관계는 종종 '사인적 상황' 으로 언급되고는 하는데, 그것은 이미 언어가 사물을 언급하는 사인으로 구성되어 있다는 일반적인 시각을 벗어난 것이다.</u>

첫 번째 해석할 때, 비판자들에게 구조주의는 현실의 존재를 부인하는 것처럼 보인다. 따라서 상식에 반하는 것처럼 보인다(Sokal과 Bricmont, 2003). 구조주의는 언어가 연결되는 참조물(기의)을 만들 수 있는 사물의

존재를 부인하지 않는다. 그러나 그것은 전체와 인간 경험인 전체로서 언어 사이에서 반향을 암시한다. 제임슨에 따르면, 구조주의는 일상세계의 경험에서 나오는 개인적인 사물이나 이벤트를 '반영' 시키거나 재현하는 개인적인 단어나 문장이라기보다는 그것이 '실재 그 자체와 동등한' 전체적인 언어 시스템이라는 관점을 견지한다. 언어를 통해 우리가 이해하는 바는 '일 대 일 대응의 토대라기보다는 하나의 전체나 다른 것에 대한 게슈탈트 이전에 선행한다' (Jameson, 1972, p. 33). 이러한 구조주의자의 리얼리즘을 폭넓게 옹호하는 사람으로서, 롤랑 바르트는 언어가 현실을 재현하는 것을 기대하는 것이 아니라 그것을 의미 signify하도록 하는 것이라고 단언한다(1973, p. 149). 그래서 구조주의는 경험적인 현실보다는 오히려 사인과 언어에 더욱 중점을 두고 있다. 말할 필요도 없이, 데리다는 구조주의자의 언어가 언어 외부의 독립적인 현실의 참조물을 만듦으로써 작동하는 회의주의의 후계자이다. 사실, 우리는 데리다가 어떤 언어 외부에 있는 참조물(기의)가 파악하기 어렵거나 혹은 적어도 그것이 일련의 참고물의 한부분임을 증명함으로써 구조주의보다 더 멀리 나아가고 있다는 것을 살펴보게 될 것이다.

우리가 건축을 언어로서 생각하는 한 표현하기 어려운 참조물(기의)의 속성은 단어들의 경우보다는 더욱 엄격하게 증명된다. 19세기 신고전주의 건물의 이오니아식 주두에 있는 소용돌이 장식이 의미하는 것은 무엇인가에 대해서: 말려진 잎사귀, 그리스 신전, 웅장함, 르네상스의, 혹은 다른 빅토리아식의 건물들일까? 그것은 아마도 콘텍스트에 의존하는 이러한 모든 것 혹은 무언가 다른 것이다.

사인 시스템과 차이

언어학자들이 언어의 동시성에 초점을 맞춤에 따라 중요하게 되는 것은 개별적인 요소들보다는 바로 구조이다. 발생 심리학자 장 피아제 Jean

Piaget(1869-1980)에 따르면, 구조주의는 시작부터 관계적인 관점을 받아들인다. 그것에 따르면 우리가 어떻게 그렇게 되는지 모르는 태도에서 나오는 요소들도 혹은 전체도 아닌 요소들 가운데 관계에 따르면 그렇다(Piaget, 1970, p. 8-9). 소쉬르의 언어학에서 관계에 대한 생각은 매우 중요하다.

내가 보여준 바와 같이, 언어적 사인은 기표와 기의의 관계로 만들어져 있다. 그러한 관계의 사례는 언어적 사인을 만들고 그러한 관계의 다수성은 사인 시스템을 만든다. 소쉬르가 관심을 집중한 것은 소리 패턴들 사이에 있는 단순한 관계였다. 언어의 어휘목록을 만드는 소리 패턴들의 거대한 컬렉션 중에서 핵심적인 관계는 무엇인가? 프롤로그에서 지적했듯이, 소리 패턴들은 데리다에게 엠블럼적인 것이 되는 용어이며, 차이의 미덕에 의해 작동한다. 소쉬르는 소리 패턴의 기초 구성물인 음소의 차이에 대한 설명으로 시작한다. 언어는 우리가 한 음소와 다른 음소를 구별할 수 있기 때문에 작동한다. '단어의 소리는 그 자체로는 중요하지 않지만 음소는 우리가 그 단어를 다른 것으로 구별하는 것을 대립적으로 드러나게 한다. 그것은 의미를 운반하는 것이다' (Saussure, 1983, p. 116).

그래서, '집 house' 이라는 단어는 '이 경우에 최초의 음소라는 구별 때문에 쥐 mouse' 와는 다르다. 그리고 그렇지 않으면 많은 다른 단어들은 유사할 것이다(Jakobson and Halle, 1956).

차이라는 주제에 관한 소쉬르의 분석과 언어 사용자와 비평가들의 분석은 매우 디테일하다. 그리고 건축과 관련하여 직접적으로 드러나지 않을 수도 있다. 예를 들어, 언어에서의 차이의 중요성에 대한 증거로서 그는 프랑스어 r 소리의 사례를 들고 있다. 공통적으로 프랑스어 사용에 있어서 ch 사운드가 없는 것(바흐 Bach에서처럼) 처럼, r을 ch 로 대체하여도 여전히 이해할 수 있다. 소쉬르에 따르면, 그것은 독일어에서는 작동하지 않는다. 그러나 ch 사운드는 이미 존재한다. 모든 r 사운드가 ch 가 된다면 독일어의 단어들 사이에서 배제시키는 주요한 방법 중 하나는 상실될 것이다(Saussure, 1983, p. 117). 다른 말로 하면, 언어 커뮤니티들은 그들이 사용가능한 사운드의 어휘목록을 최적화시켜 사용한다. 또한 의미를 구별하기 위해 이들 사운드를 사용한다. 그래서 역사적으로 유명한 프랑스 단어들을 소개하여 영어에서는 두 개의 단어 양 sheep과 양 mutton이 있는데, 그것은 살아있는 동물과 식용 고기의 의미를 각각 따로 표시하기 위해 배치되고 사용된다. 프랑스어에서, 단일의 단어 mouton은 두 가지의 의미를 모두 포함하고 있다(Saussure, 1983, p. 114). 특정한 콘텍스트에서 올바른 단어를 찾기 위해 온라인상의 백과사전을 검색했던 저자는 동의어가 과잉되어 있으면 구분이 풍부해진다는 것을 알게 되었다.

차이를 구성하는 것, 혹은 적어도 의미 있는 차이는 또 다시 특정 언어 커뮤니티의 전통에 달려있다. 일본어를 말하고 이해할 수 있게 되는 것은 원주민 영어 사용자에 의해 나타나는 차이처럼 거의 인식하지 않는 특정 그룹의 음소적 차이에 의존하는 것이다. 프랑스어 단어 pas와 par사이의 차이에서와 같이 영어와 불어와 같은 어떤 두 언어 사이의 비교에 같은 것이 적용된다. 음소적 차이에 대한 생각에 따르면, 언어에서 중요한 것으로 발전되었던 유일한 차이들만이 사전에 수록되었다. 다른 것들은 악센트나 방언의 특수성을 구성할 수도 있고 인식되지 못할 수도 있다.

우리가 건축을 기술하기 위해 사용하는 언어는 실용적인 중요성이 있는 차이점들을 가능하게 하거나 반영하는 유사한 경향을 보여준다.

예를 들어 우리는 손쉽게 집의 앞면과 뒷면에 관해 이야기 한다. 그러나 집은 또한 양 측면이 있다. 집의 두면을 쉽게 구분할 때, 모든 표현법(우측과 좌측, 동쪽과 서쪽?)이 애매하다. 우리는 무언가의 앞쪽과 뒤쪽의 차이가 정말로 중요한 것이라면 다른 용어로 존재하는 것이 맞는다고 가정할 수 있다. 건축에서 우리는 단지 단어들만을 다룰 수는 없다. 디자이너는 또한 집의 앞, 뒷면에 다른 건축적 요소들이나 재료들을 이용할 수도 있다. 언어와 건축은 다른 콘텍스트 속에서 구분과 차이로 작동하는 다양한 방식으로 볼 수 있다. 사례로, 뉴질랜드에서는 중산층 가정이 두 번째 집을 소유하는 것이 비교적 일반화되었다. 만약 그러한 집이 가끔 잠시 머무는 작은 규모의 주거라면 '배치 bach' (줄여서 '미혼남자 bachelor 가정')라고 불릴 수도 있다. 만약 그것이 더 크고 가족용도의 주거라면 그것은 '비치 하우스' 라고 불릴 수도 있을 것이다. 그 특정한 장소의 지리적, 경제적, 그리고 사회적 조건은 영국에서 우리가 볼 수 있는 일련의 사회적 배제를 만들며, 그러한 구별(배치와 비치 하우스 사이의)은 사회적 조건과는 관련성이 덜하다. 이름 붙이는데 있어서 그러한 구별은 디자인과 그 건물의 유형을 구성할 때 더 많이 드러난다. 차이는 언어로서의 말하기와 건축이라는 두 언어에서 대립적으로 구축되면서 현시된다. 앞/뒤, 중심/주변부, 내부/외부, 구조/장식 등이 그렇다. 차이의 시스템은 커뮤니티들이 차별을 하는 수단으로 작동한다. 소쉬르에게는 다음과 같이 작용한다.

> 언어 자체에는 단지 차이만이 존재할 뿐이다. 그것보다 더욱 중요한 것은 일반적으로 차이가 긍정적인 관계를 전제한다고 하더라도 언어상 차이가 지니고 있는 것 중에는 단지 차이만이 존재할 뿐이고 무언가 능동적인 방식을 지니고 있지 않다는 사실이다.
>
> (1983. p. 149)

우리가 이미 보았던 대로 데리다는 차이의 개념에 사로잡혀 있다. 그것은 일종의 언어로 향하는 근원이지만 그것은 불확정적이고 모호하고 정착되지 않은 근원이다.

심층 구조

차이에 내포된 관계의 시스템으로서의 언어의 개념은 소쉬르에게 언어에는 두 가지 양상이 있다는 것을 제시했다. 그것이 어떤 특정 문화, 그것이 현지의 변조에 영향을 받아 쉽게 구어체가 되기(쓰이기) 쉬운 것으로서의 언어의 파롤 parole에서 등장할 때 거기에는 피상적이거나 표층적인 언어의 구조가 있다. 그러나 랑그 langue라고 만나는 다른 언어를 기초로 하는 구조가 있다. 파롤은 능동태적이고 랑그는 수동태적이며 말하기의 영속적인 차원이다. 특정지역의 악센트, 오발음과 개인 스타일의 문제들은 '파롤의 과학' 과 관련된 문제이다(Jameson, 1972, p. 26-27). 그러나 소쉬르는 랑그와 더 많이 관련되어 있다. 그것은 개별적 언어를 특정하게 사용하는 습관에서 나오는 구조인 현지성을 넘어서 퍼져나간다. 여기에 건축과의 연결지점이 있다. 특정 건물의 경우 우리는 마감선택을 위해 표층 구조로서 외피, 마무리와 사인을 입힐 수 있다. 그 자체의 구조와 공통적인 평면의 형태를 포함하여 건물의 형태는 심층 구조를 형성한다. 표층 요소는 형태에 영향을 미치지 않는 상태에서 제거될 수 있다. 대안적인 해석에 따르면 표층 구조는 단순한 외양과 관련된다. 반면에 심층 구조는 건축의 작업에 현존하는 의도, 의미 그리고 아이디어 일 수 있다.

표층/심층의 구분은 또한 집단적이거나 개별적인 것 모두 무의식이 있는 심층 구조와 같이 만드는 심리학의 공통적인 시각을 상기시킨다(Davis, 1997). 여기에서 데리다의 사유는 그가 깊은 의미, 믿을만한 이해, 의식적인 욕망 혹은 다른 형이상학적 구축들과 같은 개념에 대한 승인을 회피함에 따라 구조주의로부터 중요하게 분기되는 지점을 보여준다. 그는 '언어와의 관계를 다루는 매우 원초적인 도구' 도서 의식과 무의식사이의 관련된 구분을 묘사한다(Derrida, 1981, p. 96). 심층 구조, 근원, 더욱 심원하고, 지속적이고 더욱 구조화된 언어의 기질이 있는 한, 데리다는 이것을 흐름과 불확정적인 것과 사실 근원이 전혀 없는 것으로 보여준다.

심층 구조, 기초, 더욱 심원하고, 지속적이고 더욱 구조화된 언어의 기질이 있는 한, 데리다는 이것을 흐름과 불확정적인 것과 사실 근원이 전혀 없는 것으로 보여준다.

언어의 범위 넓히기

문화인류학적 통찰이 없다면 구조주의 언어학의 이러한 전문적 사항을 건축에 적용하는 것은 어려울 것이다. 구조주의의 기여중 하나는 말과 글쓰기 의사소통에서처럼 언어를 고려하는 열린 공간이 되어 왔다는 점에 있다. 예를 들어 문화 이론가 롤랑 바르트의 글에서 구조주의는 예술, 패션, 건축, 스포츠 그리고 문화를 일반적으로 언어의 형태로 받아들인다(Barthes, 1973, p. 118). 우리가 건축을 언어 이상으로 생각한다면, 구조주의 용어로 하면 그것은 확실히 언어와 같은 것이다. 그것은 이전 챕터에서 내가 강조했던 것으로, 전혀 대립적 관점에서 논의에서 움직이기 쉬운 것이 아니다. 건축이 대립성의 개념을 통해 접근할 수 있는 한, 그것은 구조주의자적 언어 이론과 관련하여 논의될 수 있을 것이다.

문화 이론가 롤랑 바르트의 글에서 구조주의는 예술과 패션, 건축, 스포츠 그리고 문화를 일반적으로 언어의 형태로 받아들인다.

문화인류학자 클로드 레비 스트로스(1908-2009)는 구조주의를 친족관계 패턴과 금기, 부엌일, 제례의식, 결혼 관습과 기타 등등을 고찰하기 위한 연구 분야로 발전시켰다(Lévi-Strauss, 1963). 음소적, 이원적 차이는 깨끗한 것과 불결한 것, 요리된 것과 날 것, 남성과 여성, 내부와 외부, 젊음과 늙음, 하늘과 땅, 삶과 죽음, 기타 등등에서 보이는 개념이다. 전통마을의 커뮤니티 구성원들은 그들을 스스로 동물에서 나온 후손이라는 관계로

언어로서의 옷. 패션 마네킹. 모로코 라바트의 야외시장.

생각할 수도 있다. 곰의 후손으로 그들 자신을 간주하는 그룹이 있는가 하면 다른 그룹은 스스로를 여우의 후손으로 생각한다. 커뮤니티 X는 다른 두 가지 동물 종들과 같이 커뮤니티 Y와는 다르다. 여우, 곰, 혹은 독수리는 동등하게 이러한 차이를 이해하는데 똑같이 충족시킨다. 그런데 그것은 커뮤니티 X가 커뮤니티 외부의 사람들을 대하는 수많은 사람들의 방식에서 사로잡혀 있는 것이다. 레비 스트로스는 이러한 언어 커뮤니티의 파롤에 대한 현지조건으로부터 가능한 무엇이든 받아들이는 이러한 행위를 '브리콜라쥬' 라고 부른다.

문화 인류학 연구가 이러한 방식으로 시작되었을 때, 우리는 유사한 구조적 특성이 그들 자체의 지역적 수용성이 있는 모던 사회에서 만들어졌음을 알게 된다. 그런데 그것은 몇몇 사례와 동등한 변종과 같이 동물 종들(호랑이, 사자, 불독 등) 사이의 구분과 관련이 있다(Hawkes, 1977, p. 54-55). 레비 스트로스는 또한 변형이론을 발전시킨다. '신화적인 사유는 항상 그들의 해결로 향하는 대립적인 것의 자각에서부터 진행된다' (1963, p. 224). 그리고 거기에는 하나의 상이한 신화에서 다른 신화로 움직이는 변형법칙이 있다(Hawkes, 1977, p. 48).

우리는 건축의 발전에 있어서 구조주의자적 입장의 암시를 볼 수 있다. 그리고 구조주의는 전통 건축을 이해하는데 있어서 중요한 기여을 해왔다. 예를 들어 로마네스크 교회의 경우 우리는 태양과 달 그리고 황도대[黃道帶]의 순환과 관계되어 있는 배치와 상징 시스템을 인식한다. 구조주의적 시각으로부터 우리는 복잡한 대립적인 모체와의 관계에서 이러한 로마네스크 교회의 특색들을 분석할 수 있다. 동쪽과 서쪽, 빛과 어두움, 과거와 미래, 시간과 공간, 삶과 죽음, 하늘과 땅, 일시적인 것과 영속적인 것, 중심과 가장자리 등이 그렇다. 그렇게 하면서 우리는 베이징의 금지된 도시와 힌두 사원의 레이아웃이나 미국 포니족 Pawnee의 땅의 오두막집에서 보이는 유사한 구조적 관계들을 찾을 수 있을 것이다(Snodgrass, 1990).[6]

아마도 구조주의적인 용어로 전통건축을 인식하고 분석하는 것은 충분히 쉬울 수 있다. 그러한 심층 구조의 언어는 적절한 것처럼 보일 수도 있지만 현대건축의 글로벌적, 자각적, 자기 인식적, 자기 지시적인 세계에서는 쉽지 않다. 그리고 포스트구조주의는 더욱 쉽게 적용된다. 데리다는 이러한 구조주의의 급진주의에 있어서 핵심 인물이다.

구조주의를 급진화시키기

구조주의는 적어도 대리보충에 대한 개념의 선행성과 따라서 사회적 책

6) 역주 : 구조주의 건축은 그 집단이 속하는 오랜 기간 동안의 풍토건축의 유산에서 보이는 인류공통의 건축적 공통분모(어휘)와 지혜를 추출하여 현대건축에 적용하는 사조를 말한다. 구조주의 건축은 국제주의양식의 기능적 건축에서 보기 힘든 인류유산의 지역성과 역사, 감성들이 포함됨으로써 국제주의 모던 건축의 폐해를 극복하려고 한다.

임이 있음을 부인하는 것처럼 보이는 주장을 하는 사회학자들을 비판하는 것이 아니라 자체 내에 비판자와 비평가들이 있다(Giddens, 1984, p. 32). 구조주의는 이미 실제로 실용적인 것을 취하지 않고 자기지시적인 언어 게임과 사인과 참조사례 자체의 내적 경제성을 선동한다. 구조주의는 또한 후기구조주의로서(그리고 해체주의) 스스로의 비평을 제도화 시켜왔으며 특히 롤랑 바르트(1915-1980)와 미셸 푸고 그리고 자크 데리다의 작업을 통해서 구조주의의 핵심적 통찰을 더 급진화 시킬 수 있는 것처럼 보이는 것이 가능하다. 저서 『그라마톨로지에 관하여』에서, 데리다는 특히 기표－기의 관계에 있어서 특정 구조주의자의 언어 개념을 불안정화 시키는데 초점을 맞추고 있다. 데리다는 이미 구조주의 안에 함축되어 있었던 것처럼 무언가 특정 언어 상황에서 기의(지시 대상물)가 항상 정체성을 벗어나고 있다고 장황하게 논쟁한다. 그것은 오히려 기표들과 항구적으로 다른 기표에 언급되는 것으로 나타나고 차례로 이것들이 더 많은 기표들과 연결되는 사례이다. 그래서 단어(기표) '집 house' 은 단순히 집이라는 단순 개념이며, 거리에 실재하는 집을 가리키는 것이 아니라 집의 이미지 혹은 잡지 속의 그림 혹은 유명 TV 시트콤에서의 집 혹은 멜로드라마, 광고 브로슈어, 시 혹은 건강, 생활, 가정 혹은 내가 의미화하는 행위를 강조하는 제스처를 지시하는 것일 수 있다; 그런데 이들 각각의 기표들은 화자나 청자의 무언가 지시하는 것일 수 있다.

화자가 발음할 때, 그러한 지시적인 연쇄작용의 끝 지점은 주로 발음의 의미로 정해진다. 그러나 의미가 어느 곳에서나 존재하는 한, 그것은 이러한 의미화의 사슬에 의해 남겨진 흔적 속에 있다. 무언가 의미와 닮은 것을 발견할 수 있는 최종적인 지점은 존재하지 않는다. 데리다의 가장 뛰어난 은유중 하나는 우편 서비스이며, 그것은 그의 책 『엽서』(Derrida, 1979)에서 그가 발전시키고 소비한 의미의 개념을 암시한 것이다. 특히 메시지가 그들의 발송인에게 되돌아오고, 늦게 도착한다거나 이동 중 없어진다면, 혹은 그들의 콘텍스트가 사라진다면, 이행되지 않은 약속을

운송한다면, 오독되고 명료하게 하기보다 혼돈스럽게 할 수도 있음을 상기한다면 말이다. 우편 서비스와 같이, 언어는 무언가를 작동하게 하는 일종의 순환 시스템이며 연결과 지시대상물의 다수성의 연속의 결과로 인해 사라진다. 언어는 단지 흔적의 개념을 통해 기능하고 항상 그 개념을 가지고 있다. 바르트는 최종적인 의미 주변에는 다른 가능한 의미가 표류하는 곳에 있는 잠재성의 본질로서, '항상 무언가가 남는다고 주장한다' (1973, p. 143). 데리다에게 있어서(그리고 바르트) 이러한 무한한 참조성의 개념이다. 그리고 그것은 우리가 단순히 이러한 기표를 그러한 기의에 기인한다고 생각하는 어떠한 언어의 상황은 매우 콘텍스트적이고 전이적으로 무언가의 원인으로 돌리는 순간이다.

의미와 형이상학

데리다에게 언어에서 의미의 개념은 내가 제시한 근원 및 지식과 관련되어 있는 프롤로그에서 암시했던 형이상학적 문제를 공유하고 있다. 의미와 근원은 사실 영원히 유동적이고 움직이는 결정 불가능한 현상이다. 의미는 유사하게 이러한 불확정적인 움직임 속에 사로잡혀 있다. 의미와 함께 있는 것처럼, 그것은 어떤 현상에 중심, 핵심 혹은 근원이 없는 것이 아니라 핵심이나 토대가 그 자체를 토대로서 설립하는 다른 조건들에 의존하고 있다. 따라서 프롤로그에서 내가 언급했던 확실성이 설립되는 '끝을 알 수 없는 체스 판' 에 대한 데리다의 사례가 나온다(Derrida, 1982, p. 22). 그 중심은 그 주변에 구축된 것으로 여겨지는 것에 의존한다. 대안적으로 중심은 항상 '이질적' 인 것이다. 그것은 거기에 이전에 있었던 것에 새롭고 다른 무언가를 정립시키기 위해 정당화시키지 않고 정의한 것으로, 외부에서 데려온 무언가 이다. 근원의 개념은 중심으로서 그 자체의 상태를 설립하기 위한 이러한 불안정성에 기대고 있는 것처럼 보인다. 의미는 비슷하게도 이렇게 불확정적인 작동 속에서 포착된다.

이것은 의미의 이슈와 형이상학의 문제를 결합시키고 불확실성과 결정불가능성의 조건에 대한 각각의 의존성을 보여주는, 건축과 관련된 데리다 사유의 주요한 암시중 하나이다. 데리다는 따라서 건축에게 세 가지 방식으로 정보를 제공하고 있다. 첫 번째, 그의 언어에 대한 사유는 자신의 상황에서 우리에게 심층 구조, 교리, 근원 그리고 건축의 기초가 의문시되고 있다는 것을 상기시키면서 유익을 준다. 두 번째, 다음 챕터에서 보겠지만, 데리다가 그러한 결론에 이르게 된 과정은 언어와 의미와 이성과 인간의 이해와 결국 디자인에 관한 많은 것을 밝혀주는 것이다. 세 번째, 건축은 전문가의 의견에 대한 요구를 억압시키는 권위적인 의미보다는 장치들에 의존하는 것을 필요로 한다. 특정 의미, 방법, 지식, 전문기술, 과학 그리고 천재성의 권위에 건축이 추구하는 것이 형이상학적인 이상, 그것들은 충분하지 않다. 데리다는 계속해서 고정된 정의라는 좁은 구축물에 구속되어 있기 보다는 이야기하고 언어를 생생하게 할 필요가 있는 확실성 혹은 절망으로부터 나온 논의로 주제를 이동시킨다.

Chapter 3

상호텍스트성과 은유

데리다는 구조주의의 교리를 끌어내고 있는 언어와 형이상학과 관련하여 새로운 시각의 사례를 제시하면서 흥미를 자아내는 전략을 채택하고 있다. 그 과정에서 그는 건축을 포함하여 창조성의 다른 영역을 확장시키는 텍스트와 의사소통 그리고 지적 발전을 해석하면서 논법에 대한 접근방식을 드러낸다.

데리다는 그의 저서 『그라마톨로지에 관하여』(Derrida, 1976)에서 그의 사례를 개괄하고 있다. 그러나 그는 또한 그의 장황한 소론 「플라톤의 조제술(약국)」에서 효과적으로 플라톤주의를 비판하고 플라톤의 파이드루스 Phaedrus에 대한 주석을 달았는데, 이 소론은 플라톤의 선생인 소크라테스와 어린 제자인 파이드루스 사이의 대화이다. 이렇게 이상적인 대화는 깊이가 얕고 기만적인 소피스트들의 수사학적인 전략들에 대항하여 이성을 통해 표면상으로는 신화적 이야기들과 설득력있는 책략 trickery에 호소하면서 진정한 지혜에 대한 실행에 관해 대화하는 것이다. 플라톤의 이성의 승인에 대한 전달수단은 일련의 사랑에 대한 세편의 연설에서 볼 수 있다. 파이드루스의 옥스퍼드 번역판과 같이 로빈 워터필드가 쓴 것과 같은 파이드루스에 대한 '정통파적' 인 주석(Plato, 2002)은 일반적으로 수사학의 본질에 대한 교훈에 관심을 집중하고 있다. 그것은 플라톤의 글쓰기 방식에 대한 정당화이며 주인공들(변증법)과 인간 정신의 분리된 열정(자아 ego와 이드 id 그리고 초자아 superego에 대한 프로이트식 버전) 사이의 일련의 대화이다. 그리고 예시가 되는 사랑에 있어서 남성의 성적 관계에 대한 명확하고 배타적인 의지이다. '플라톤의 조제술' 이라는 소론에서 데리다는 정통파적인 주석과는 달리 갈지자之 행보의 의견을 내놓고 있다. 대신에 그는 글쓰기의 기원의 신화를 하나씩 열거하면서 파이드루스에서 나오는 문장에 집중하고 있다.

따라서 이 문장들을 연구하기 전에 파이드루스에서 우리는 양피지와 종이 그리고 구어체 단어를 통해서 문어체 단어들 사이의 관계의 중요성에 대한 그의 작업의 핵심을 통해서 데리다가 집중하고자 하는 것에 주목한다. 많은 학자들이 자신의 생각을 종이 속에 집어넣고 그것들을 세대를 초월하여 의사소통시키면서 플라톤 시대부터 계속해서 글쓰기에 대한 훌륭한 기술을 연마해왔다는 것을 언급할 필요는 별로 없다. 우리는 문자로 인쇄된 단어로 구성된 문화 속에서 살고 있다. 그 주제와 관련하여 대부분의 철학자들에게는 글쓰기와 인쇄물에 의해 아이디어를 보존하고 전달하는 이러한 지적, 사회적 성취는 그 결과로 나오게 된다. 컴퓨터 스크린에 무언가 글을 쓰는 것과 텍스트를 인쇄하면서 무언가를 써내려갈 때, 우리가 말하기를 발성의 전달로서 강의, 라디오 방송, 혼잣말 하는 것, 대화에 참여하는 것으로 생각하던지 그렇지 않던 간에 말하기 단어의 힘과 즉시성을 부여하면서 인간은 효과적으로 진술을 고친다. 마셜 맥루한은 대화와 재잘거림의 즉시성이 상실되는 것에 대해 한탄했다(McLuhan, 1962). 그는 1960년대 선구자적 미디어 이론가이자 데리다가 잠깐 언급하고 넘어가는 저서(Derrida, 1982b, p. 329)를 쓴 사람이다. 맥루한에게 있어서 글쓰기의 발명은 눈과 시각적 수용력에 우선적으로 작용한다고 주장한다. 문자 텍스트의 지배하에 인류는 무언가를 쓰는 것을 보게 되고 일정거리에서, 그리고 객관성의 개념과 과학적 방법을 도출한다. 그러나 글쓰기의 촉매적 발명 이전에, 인간 커뮤니티는 말하기와 잡담 그리고 물론 귀가 있음으로 생겨난 듣기문화에 의해 보급된다. 살짝 문화인류학적 연구에 의존하면서 맥루한의 이러한 획기적인 전이의 신화적 구축은 청각적 문화를 시각적 문화의 결과로 만들어지는 문명화된 영향보다는 더욱 관련되고 흡수되고 구분되지 않는 것으로 특징이 생긴다.

맥루한은 이러한 신화를 현재의 상태로 확장시킨다. 전자 미디어는 그 자체의 끊임없는 음성의 재잘거림과 함께 언어적 유형의 즉시성으로 일종의 회귀를 이루는 일종의 전조를 보여준다. 1960년대 휴대용 트랜지스터라디오와 개인용 스테레오와 이제 이동 전화에서 나오는 사운드와 음성의 보급을 생각해보라. 나는 현대 디지털 미디어에서 이러한 배치를 다른 책에서 탐구하고 있다(Coyne, 1995, 1999, 2008). 새로운 전자 미디어의 찬양과 정당화의 많은 부분과 그것들이 커뮤니티의 회복을 가능하게 할 것이라는 희망(페이스북과 트위터와 같은 소셜 미디어를 통해)은 시각적인 것을 넘어서는 음성적인 것의 즉시성과 변증법적 본성에 대한 회귀의 희망 위에 세워질 것이다. 문자체 및 구어체 단어 사이의 문제가 되는 관계는 에릭 해브록 Erick Havelock과 월터 옹 Walter Ong(Havelock, 1986; Ong, 2002)과 같은 학자들의 글에서 상세히 탐구되고 있다.

여기에서의 우리의 목적들을 위해, 플라톤까지 거슬러 올라가서 주목하는 것은 충분하다. 철학적 문학은 문자 단어의 권력과 문자이전의 상태에 대한 향수의 권력의 자각과 의심을 갖춘다. 이것은 플라톤이 파이드루스에서 나오는 글쓰기의 기원의 신화에 대해서 개작(改作)된 이야기 이상은 아니다. 그 이야기는 글쓰기의 상상속 고안자인 이집트 왕 퇴트 Theuth를 언급하면서 글쓰기 기술을 가르치는 것의 여러 가지 제약을 열거하고 있다.

> 그것은 사람들의 기억들을 위축시킬 것이다. 글쓰기에 대한 믿음은 그들을 기억하게 할 것이다. 그들 자체의 내적 원천에 의한 것이 아니라 그들 자신의 외부에 있는 타자들에 의해 만들어진 글자에 의존하기 때문에 글쓰기는 그들이 배웠던 것을 마음속으로부터 잃어버리게 될 것이다. 당신이 만든 고안물은 기억하는 것이 아니라 기억을 되살리기 위한 약이다. 당신에게는 지적인 용모를 가지고 있지만 진정으로 지적이지 않은 학생이 맡겨진다. 당신의 학생들은 선생님과의 접촉 없이 광범위한 학식을 지니고 있기 때문에, 그들이 항상 무식하다고 해도 그들은 폭넓은 지식이 있는 사람인 것처럼 보일 것이다.
>
> (Plato, 2002, p. 69, l. 275a)

이러한 단어들은 대화의 일부로 등장한다. 그리고 플라톤의 스승인 소크라테스의 입에서 나온다(i.e. 퇴트 이야기와 글은 소크라테스가 말했다). 그가 어떤 것도 쓰지 않았다는 것은 유명하다. 데리다는 그의 확장된 소론('플라톤의 조제술')에서 이 단락을 파이드루스에서 인용하고 있다.

데리다는 또한 광범위하게 루소에 대해서 언급하고 있다. 그의 '언어의 기원에 관하여' 라는 소론에서 루소는 글이 언어를 고정시키고 있다고 주장한다. 그것은 표현에 대한 엄밀함을 대체하면서, 단어들을 변화시키는 것이 아니라 정신을 변화시키는 것이다. 그리고 더 나아가 '글쓰기에서' 우리는 그들의 전통적인 의미에 따르는 모든 단어들을 사용하도록 강제한다. 그러나 우리는 그것들을 하나의 만족으로 결정하면서 사람의 음성의 색조를 다양하게 함으로써 의미를 다양하게 한다(1966, p. 21-22). 말하기는 글쓰기보다 더욱 표현적인 매체이며, 말하자면 토론 참가자들의 생각에 더욱 가까운 것이다.

루소의 글쓰기에 대한 은폐는 그의 개인적 생애로 확장된다. 그는 그의 자서전에 그가 그의 글 뒤로 숨는 것을 선호하는지에 대해서 지적하고 있다.

> 만약 내가 자신의 불이익뿐만 아니라 자신과는 정말로 다른 내 자신을 확실히 보여주지 않는다면, 나는 다음 세대의 사람들만큼이나 사회를 즐길 것이다. 내가 내 자신을 쓰고 숨기려고 하는 결정은 정확하게 나를 위해 옳은 것이다. 내가 더 드러내고자 했었다면 어느 누구도 내가 어떤 점이 가치가 있는지 몰랐을 것이고 심지어 의심하지도 못했을 것이다.
>
> (2008. p. 114)

의심의 여지없이 거짓된 겸손의 일부로 전달된 자백하는 수줍음을 통해 루소는 그의 글쓰기 뒤에 숨을 수 있었고 그 자신을 단지 그가 보이기를 원하는 만큼만 노출시킬 수 있었다. 그래서 글쓰기는 우리 자신에 관한 진실 즉, 저자나 말하고자 하는 화자의 진실을 숨기는 특성을 지니고 있다.

소쉬르는 '콘셉트와 조용한 패턴' 사이의 즉각적으로 연결의 가치를 만들어주면서, 유사하게 언어를 이해하기 위한 기반으로서 쓰인 것 위에 말해진 것의 가격을 정한다(Jameson, 1972, p. 66). 데리다가 묘사한 것처럼, 언어에 관한 이런 저런 표현들은 공통적인 지각을 다음과 같이 말하고 있다. 모든 그것의 권력과 성취에 있어서 텍스트로서 무언가를 써내려 가는 것, 라이브러리와 데이터베이스에 그것들을 저장하는 것, 그리고 텍스트를 전달하고 순환시키는 것은 단지 실재 사물에 대한 대체물일 뿐인 것으로, 그것은 인간들 사이의 직접적이고 비매개적인 의사소통이다(Derrida, 1982b, p. 312). 단지 우리가 대화할 때 생성되는 아이디어와 말하기와 듣기는 직접적으로 우리의 본질과 연결된다. 발음은 인증된 순간이고 일시적이고 콘텍스트적이고 정제와 조정을 하기 쉽게 되어 있다. 데리다는 정확하게 이러한 공통적인 지각에 대해서는 동의하지 않는다.

약으로서의 글쓰기

데리다는 글쓰기의 기원에 대해서 위에서 주어진 파이드루스에서 인용한 용어에 대한 대응으로 파이드루스에 대한 소론을 「플라톤의 조제술」로 제목을 붙였다. "당신이 만들어 낸 것은 기억을 불러일으키기 위한 약한 첩이지 기억하기 위한 것은 아니다"(Plato, 2002, p. 69 I. 275a). 데리다는 '약 medicine', '해독제 antidote', '약 drug' 그리고 '독 poison' 등으로 파이드루스의 다른 해석들을 다양하게 하면서 '약 한 첩'에 대해서 많이 언급했다. 그리스 기원의 단어 파마콘 pharmakon은 치료하는 무언가이거나 혹은 반대로 초기의 의료행위가 기껏해야 위험한 직무라고 생각하는 것이 합리적이며 모호성을 지닌 것인, 당신의 건강을 안 좋게 하는 것 모두로 번역될 수 있다(Mikics, 2010, p. 148).

이탈리아 비첸차에 있는 안드레아 팔라디오의 바실리카 근처에 있는 delle Erbe 광장의 고대풍의 약국 간판

데리다는 번역자들이 파마콘이라는 단어가 가지고 있는 까다로움과 그것이 다양한 조합을 만들어 낼 수 있는 까다로움에 대해 상당히 강조했다. 그리고 이것이 바로 데리다의 비평가들은 '상호텍스트성'으로 다양하게 기술되는 그의 에세이의 특성을 잘 드러내는 것으로 본다. 데리다는 다른 플라톤의 글들을 통해 파마콘이라는 단어와 그것의 변형된 단어들의 흔적을 거슬러 올라간다. 변형된 형태중 하나는 Parmakeus로서, 그것은 마술사와 속죄양과 관련된다. 아테네 사람들은 명백하게 집에서 내쫓긴 채 있었으며, 그들은 또한 불행할 수 있는 이벤트가 진행되는 가운데 희생당할 수도 있는 마술을 불법으로 행하는 사람들이었을 수도 있다.

> 외부를 대표하는 것은 그럼에도 불구하고 내부의 한 중심에 조직되고 커뮤니티에 의해 그 자리를 규칙적으로 받고, 선택되고, 지켜지고, 공급되고. . 등, 되었다. 이러한 기생충들은 물론 자기를 희생하여 그들에게 거처를 제공하는 살아있는 유기체에 의해 길들여지는 것이었다.
>
> (Derrida, 1981, p. 133)

대단히 많은 데리다의 역설에 동조하면서, 그것은 그 핵심이자 중심인 안전한 항구가 또한 불안과 퇴폐의 원천 source임을 폭로하고 있다. 성소는 그것이 배제시키고자 하는 것을 찾고 그 자신의 목적을 위한 바로 그 존재의 피난처를 제공한다. 여기에 특히, 가정과 도시 생활에 관한 그리고 일반적으로 사회적 조건에 관한 암시가 있다. 데리다에 따르면 파마콘은 또한 색을 의미한다(Derrida, 1981, p. 140). 그것은 시체를 매장하기 전에 공개하데 사용되는 화장술이다(Derrida, 1981, p. 142). 다른 곳에서, 플라톤은 그것이 재현하는 원본 사물로부터 여러 차례 벗어난, 모사를 통해 도출된 형태가 있는 회화를 불결하게 만든다. 그것은 지적 이데아의 영역에서 거주하는 차례로 희미한 이상적인 오브제가 되는 모사품이다.

따라서 「플라톤의 조제술」에서 나오는 데리다의 전략은 이러한 상호텍스트적인 연결과 흔적들과 같은 모든 사례들을 통해, 글쓰기가 사실은 독으로서 훼손되었지만 이것은 매우 모호한 상태라는 점을 구축하는 것

디자인 스튜디오의 선반 위에 있는 조제학과 관련된 소지품

이다. 데리다의 논의에서의 전환점은 소크라테스와 그의 학생들이 단어를 사용하는 옳은 방식이 단어들이 '학생의 영혼에 있는 지식을 따라 쓰인 것' 이라는 것을 인정하는 곳인 파이드루스에서 나오는 부분의 그의 정체성에 달려있다.

이것은 '살아 있는 영혼을 불어 넣은, 지식이 있는 인간의 말하기' 이고 '문자 단어는 이것의 단순한 이미지' 이다(Plato, 2002, p. 70, I. 276a). 따라서 전통적인 지혜가 말하기라는 행위가 인간존재의 마음, 영혼과 가장 가깝다는 것을 주장한다면, 이러한 내부의 존재는 이미 글쓰기(영혼상의)의 개념에 의해 침투된 것이다. 말하기에 무엇이 특별하고 믿을만한 것인지를 기술하기 위해 데리다는 플라톤이 영혼 속에 쓰인 단어의 은유에 호소해야 한다는 입장을 보인다. 그것은 그것이 더 작은 말(글)의 의지에 의해 나온 대립적인 것(이 경우 말하기)에서의 특권화 된 실재인 좋은 것을 기술하는데 항상 필요한 것처럼 보인다.

영혼의 글쓰기는 따라서 일종의 최초의 글쓰기이다. 더욱 기초적이고 원시적인 글쓰기의 실재이다. 그러나 그럼에도 불구하고 글쓰기는 그렇지 않다. 데리다는 '영혼 속에서의 글쓰기' 가 은유라는 것을 인정한다. 따라서 데리다에게 있어서 은유가 단순히 더 넓은 유희를 보증하는 명제인, 언어의 장식이 아니라는 것은 중요하다. '은유화는 포함의 논리이고 논리의 포함이다' (1981, p. 149). 탈출할 수 있는 은유는 존재하지 않는다. 그의 글 '하얀 신화: 철학의 콘텍스트 속에서의 은유' 에서, 데리다는 모든 은유가 언급하고자 하고 있다는 순수한 문자적 생각의 개념에 어떻게 은유를 거부하는가를 지적하고 있다. 은유는 '그것이 위협하고자 하는 것의 공모자이다' (1974, p. 73). 은유는 문자적인 것을 담고 있다. 나쁜 것으로부터 나온 좋은 것을 포함시키지 않으려고 하는 것은 존재하지 않는다. 그것은 좋은 글쓰기 대vs. 나쁜 글쓰기이다. 좋은 것으로서의 말하기 대vs. 나쁜 것으로서의 글쓰기이다. 데리다에게 '좋은 것은 나쁜 것의 은유를 통해서만 표현될 수 있다(1981, p. 149). 여기서 또 다시 데리다는 자주 초보 독자들을 좌절을 하게 만드는 언어, 글쓰기, 은유, 포함과 가치(선)과 같은 주제를 함께 보여주면서 그의 상호텍스트적인 전략의 기민함을 증명하고 있다.

최초의 글쓰기 Proto-writing

『그라마톨로지에 관하여』에서는 다채로운 은유를 덜 사용하면서, 데리다는 최초의 글쓰기의 특성에 대해서 더 많이 설명하고 있다(1976, p. 57). 언어학자가 어떻게 언어가 작동하는지를 기술하는 그 방식은 어쩔 수 없이 어떻게 사람들이 글쓰기를 통해서 의사소통을 하는지 보여준다. 언어로 의사소통하는 것은 목소리를 내거나, 제스처를 취하거나, 그리거나 혹은 글을 쓰던지 간에 사인을 포함하는 것처럼 보인다. 사인은 소쉬르에 의해 설명된 차이를 통해 작동한다. 두 번째, 이 사인들은 반복이 가능하다. 그것들은 재생산될 수 있다. 그림과 문자 단어들은 복제될 수 있다. 세 번째로 사인의 연속물(결과)들은 산포될 수 있다. 사인의 연속적 상황들은 다른 환경에서조차 같은 것으로서 인식될 수 있다. 따라서 사인의 연속적 상황들을 하나의 상황에서 다른 상황으로 나오는 사인의 연속적 상황을 지나치는 것이 가능해진다. 네 번째, 만든 사람이 존재하지 않고 사람의 상황이나 의도를 알지 못하고 세 번째 부분에 이르는 사인의 연속적 상황을 인용하는 것이 가능하다. 사인의 연속적 상황은 심지어 의도의 정체성을 말할 때, 저장되거나 현존할 때조차도 의미화가 가능하다.

데리다에 따르면, 사람들이 문자언어 텍스트와 의사소통하는 방법은 모든 의사소통의 모델로 존재한다. 차이, 재생산, 반복, 산포와 저자로부터 멀리 떨어진 곳으로부터의 작업 등이 그렇다. 다시 말해, 이러한 소통의 특징은 항상 우리가 글쓰기와 연합되는 특징이다. 문자언어 텍스트들은 복사되고 반복될 수 있다. 그것들은 배포될 수 있고 한 사람에서 다른 사람에게로 전파될 수 있다. 처음 쓴 자는 그들에게 있어서 의미화를 하기 위해 현존할 필요가 없다.

데리다는 정확히 같은 과정들이 글쓰기를 요구하는 것으로서 쓰이지 않은 말하기를 요구한다는 점을 지적한다. 구어의 말하기는 초기에 말한 사람보다는 누군가에 의해 반복될 수 있다. 구어의 말하기를 대중에게 산포하는 것은 가능하다. 발화(發話)는 '입에서 나오는 단어' 에 의해 전달된다. 원래의 화자는 현존할 필요가 없다. 발화의 전달자는 제 삼자가 발음한 단어들의 받아들이고 이해하기 위하여 발화를 이해해야만 할 필요가 없다. 우리는 일반적으로 우리가 이해하지 못하는 시를 암송한다. 그리고 시는 암송될 때 의미화되는 자체적인 힘을 상실하지 않는다. 성가대원은 그 단어들이 무엇을 의미하는지 알지 못한 가운데 라틴어로 노래를 부를 수 있다. 연기자들과 강연자들은 일반적으로 의도의 매개체 없이 기계적으로 암기하고 사인 결과물들을 암송한다. 사인, 반복, 배포와 부재의 특징들은 공통적으로 글쓰기의 속성으로 간주되지만 동등하게 말하기에도 적용된다.

전통적인 관점은 사람들이 그들이 말해왔거나 혹은 말하고 싶었던 것을 쓰는 행위를 하는 것을 범해왔다는 것이다. 그래서 데리다는 우리가 말하기를 기술하는 방식이 결국 우리가 글쓰기를 기술하는 방식에 달려있다는 것을 주장함으로써 이러한 대립을 뒤바꾼다. 확실히 유아들은 말하기 이전에 글쓰기를 배울 수 없다. 그리고 구어체의 의사소통이 글쓰기 없이 발생하는 문화가 존재한다. 그러나 데리다에게 연대기적으로 그리고 중요성의 관계에서 무언가, 최초의 글쓰기로서 말하기나 글쓰기 이전에 있는 무언가, 선행하는 무언가 존재하지 않는다. 언어 외부에 있는 그러한 최초의 글쓰기에 대한 증거를 요구하는 것은 핵심을 놓치는 것일 것이다. 데리다에게 그러한 존재에 대한 경험적인 탐색에 착수하는 것보다 글쓰기의 현존을 모든 곳에서 드러내는 상호텍스트적인 분석을 통해 텍스트들을 음미하는 것으로 충분하다. 특히 그 때는 플라톤의 '파이드루스' 나 루소의 '고백' 에서와 같이 그것의 중요성이 더렵혀지지는 때이다.

따라서 데리다의 논쟁은 가치 저하되고 보충적인 용어인 글쓰기와는 대립적인 특권화 되어 있는 용어인 말하기를 구별하는 것으로 시작된다. 그는 이러한 차이와 우선권을 단언하는 바로 그 텍스트에서 그 목록들이 전복될 수 있음을 보여준다. 말하기는 사실 우리가 글쓰기로서 이해하고 있는 것에 의존한다. 중심은 주변부에 의존한다. 의미, 기의는 기표의 순환에 의존한다. 말하기/글쓰기는 구분은 따라서 언어가 급변하는 것 사이에서의 기이한 것이거나 사례가 아니다. 그러나 형이상학에 대한 의미와 충돌에 도달하는 것을 요구하는 핵심을 다룬다.

말하기는 사실 우리가 글로써 이해하고 있는 것에 의존한다.

건축에 대한 암시

언어에 대한 이러한 반응은 어떠한 태도를 불러일으키고 영감을 불러일으킨다. 그곳은 건축이 텍스트와 글쓰기로서 탐구되는 곳이다. 데리다가 최초의 글쓰기로서 사용하는 또 다른 용어는 원(原), 최초의 글쓰기이다. 접두사, '최초의 proto' 와 'arche' 는 단어의 어간(접두어 다음)이 설립되는 처음의 우선의 기초적인, 근원의 전형적인, 원형적인 조건을 묘사한다. 접두어는 마치 그것의 상태를 무언가 반대되는 관계로 향상시키는 것과 같이 반대에 있는 탈-특권화된 용어에 접한다. '건축' 이라는 단어에 작동하는 가능성을 이해하는 데에는 거의 상상력이 들지 않는다. 최초의 tecture(arche-tecture), 최초의 조직(arche-texture), arch(e)tecture이다.

건축가 architect라는 단어는 건축가 master builder인 *arkhitektonikos*라는 그리스어로부터 도출된 것이다. 텍톤 tekton은 건설자 builder 또는 목수이며 그 단어는 또한 '예술로서의' 테크네 tekhne와 관련이 되어 있다. 기술적인 technical, 텍토닉 tectonic, 텍스트 text라는 단어는 유사한 어원을 공유하고 있다. 건축에서의 강조는 적어도 그것의 어원에 따르면 텍토닉인 재료적 구성물로 시작된다. 여기에는 생각과, 우주, 지식, 지혜, 의미 혹은 인간 정신에 대한 초월의 매개체에 관해서는 아무것도 없다. 건축가는 단순한 장인이다.

플라톤은 『공화국』이라는 중요한 책에서 이데아의 세계에 대한 접근을 하고자 하는 지혜를 사랑하는 철학자들과 다른 한편으로 순진하게 목수 tekton 사이에 있는 대립적인 것을 효과적으로 수립하고 있다. 목수 tekton는 생각의 모사품을 구축하고 추종하는 위치에 있다(Plato, 1941, p. 331-332). 건축 architecture을 최초의 arche-tecture와 그것의 변형물로 재구축시키는 것은 말하기와 최초의 글쓰기의 정의에 대한 글쓰기를 향상시키고자 연습하는 것과 유사한 재개정을 시도하는 것이다. 어느 경우에도 데리다는 예술에 대한 정당화와 글쓰기에서 단어들을 배치하는 연습에 대한 생각과 관련된 것에서 나온 철학의 지위를 끌어내리기 위해 논쟁을 하는 것처럼 보인다. 이것은 철학을 건축의 실용적인 영역으로 가져온다. 다른 말로 하면 건축에 있어서 구조주의와 후기구조주의의 주요 산물중 하나는 사회적, 도시적 콘텍스트(물약, 독, 페인트, 살충제)속에서 건축이 땅에 기초하고 있음과 외피, 배관공사, 특이성, 일상성을 고려하면서 건축을 다루고 또한 건축을 이론화시키기 위해 다시 주장하거나 적어도 그 자체의 이데올로기들에 대한 건축의 물질화에 맞서 싸우는 것이다. 건축에 대한 암시를 바라보는 또 다른 방식은 구조주의/포스트구조주의가 건축 담론으로부터 바꾸어놓은 것이 무엇인가와 혹은 적어도 어떻게 그것이 문제가 되거나 우연적인 특정 개념들을 묘사하는지에 대해서 생각해보는 것이다. 그것은 확실성의 개념, 원래의 의미, 의도, 더 높은 의미, 깊은 의미, 근원, 진정성, 본질적인 것, 건축의 초월성, 시대정신을 표현하는 매개체로서의 건축, 디자이너의 의도를 표현하는 것으로서의 건축, 디자이너의 생각의 재현으로서의 도면과 모델, 장소의 정신, 기원, 천재의 개념들, 객관성, 주관성, 그리고 실무를 위한 기초로서의 이론 등이다. 다음 챕터에서 나는 1980년대와 1990년대에 몇몇 데리다의 사유가 어떻게 건축가에게 받아들여졌는지에 대해서 살펴볼 것이다.

<u>건축에 있어서 구조주의와 후기구조주의의 주요 산물중 하나는 사회적 도시적 콘텍스트(물약, 독, 페인트, 살충제) 안에서 건축이 땅에 기초하고 있음과 외피, 배관공사, 특이성, 일상성을 고려하면서 건축을 다루고 또한 건축을 이론화시키기 위해 다시 단언하는 것이거나 적어도 그 자체의 이데올로기들에 대한 건축의 물질화와 맞서 싸우는 것이다.</u>

Chapter 4

건축에 있어서 데리다

이 챕터에서 나는 데리다와의 만남, 특히 피터 아이젠만과 파리 외곽의 라 빌레트 공원 계획안인 *Chora L Works*으로 알려진 프로젝트에 대해서 이야기 할 것이다(Wigley, 1987; Papadakis *et al*, 1989; Derrida and Hanel, 1990; Eisenmann, 1990; Kipnis, 1991; Soltan, 1991; Patin, 1993; Kipnis and Leeser, 1997; Benjamin, 2000). 데리다와 건축가들과의 중요한 만남은 1984년에 시작되었다. 우선 무엇이 이러한 사건으로 이끌었는지를 이해하는 것이 도움이 될 것이다.

데리다의 첫 번째 영향력이 있는 저서 『그라마톨로지에 관하여』는 1967년 불어판으로 출간되었다. 그리고 영문 번역본이 1974년에 등장했다. 그의 소론 모음집은 그래도 1960년대 영어판으로 입수할 수 있었다. 데리다의 급진적인 지성주의는 1968년도 파리에서 학생들에 의해 벌어진 폭력사태에 의해 전조가 되었던 그 시대의 분위기와 적합한 것처럼 보였다. 이 학생들 중에 그의 추종자들이 생겼다. 데리다의 사유는 볼티모어 존스 홉킨스 대학에서 '인간에 대한 비평과 과학' 이라는 독창성이 풍부한 컨퍼런스 프레젠테이션을 했던 1966년 이미 미국 지성계에 영향을 끼쳤다(Lamont, 1987, p. 609). 롤랑 바르트, 클로드 레비 스트로스, 자크 라캉, 그리고 폴 드 만 등을 포함하여 미국에서 추종자들이 있었던 다른 프랑스 철학자들과 이론가들이 그곳에 참석하고 있었다. 전기 작가 데이비드 미킥스에 따르면(2010, p. 94), 데리다는 이 컨퍼런스에서 그 프레젠테이션을 그 컨퍼런스의 주요 인사 중 한 명인 레비 스트로스의 필생의 작업에 대한 명백한 참고사례로 구조주의의 종말에 관해 주도면밀하게 논쟁하고 꾸며내면서 '그가 행했던 가장 현란한 퍼포먼스중 하나' 로 행했다.

사회학자 미셸 라몽 Michele Lamont(1987, p. 595)에 따르면, 데리다 작업의 전파는 1970년대 초반에 정점에 이르렀다. 그러나 우리는 그것이 1980년대 중반까지 건축적 사유에 영향을 주지 않았다는 것을 확인할 수 있다. 건축 이론가들은 데리다와 해체주의와 늦게 결합되었다. 데리다의 사유가 1970년대 철학과 문학연구 안에서 산포되고 논쟁되었던 기간에 건축은 다른 주제들에 사로잡혀 있었다. 그 주제 중 최초의 것은 디자인 방법과 시스템 이론, 사이버네틱스와 초기의 CAD 연구를 통해 여러 가지 방식에 감염이 된 일종의 과학적 합리주의와 경험주의였다. 선도적인 인물들은 벅민스터 풀러 Buckminster Fuller와 지오프리 브로드벤트Geoffrey Broadbent를 포함하고 있다. 역사는 특히 세계적 사건들의 목적과 과정을 암시하는 낭만주의 유산인 역사주의에 기대는 이론적 세력으로 중요하다. 역사주의에 따르면, 건축은 자체적인 구축가운데 시간과 사람들의 영혼을 순화시킨다. 우리는 지그프리트 기디온 Sigfried Giedion(1888-1968)의 이론이 우세했던 것과 그의 후계자들과 비판자들을 생각할 수 있다. 세 번째 세력은 케네스 프램프톤과 크리스챤 노버그 슐츠에 의해 건축에 적용된 마틴 하이데거의 글에서 이끌어져 왔던 학문적인 담론인, 현상학이었다. 네 번째 주제는 이전 챕터에서 다루었던 구조주의였다. 이것은 「건축의 의미(Jencks and Baird, 1969)」라는 제목으로 1969년에 등장했던 주류의 부가적 건축 텍스트였다. 건축의 스타일에 대한 옹호자들과 비판자들은 특히 사인의 개념의 전개와 사인으로서의 구축으로서 포스트모더니즘이 구조주의의 언어를 그렸을 때 공통적으로 언급했다. 로버트 벤츄리와 데니스 스콧 브라운의 『라스베이거스의 교훈(Venturi *et al.*, 1993)』은 이러한 주제와 적합한 가장 접근 가능한 텍스트중 하나를 구성한다. 일반적으로 철학, 정치 및 문화 이론과의 연결되는 사례로서, 구조주의의 입장은 또한 네오 마르크시스트들과 멤버들 그리고 비평 이론의 후계자들, 그리고 프랑크푸르트학파들이 받아들였다. 건축에서는 만프레도 타푸리(Tafuri, 1996)와 같은 이론가들에 의해 재현되었다.

데리다의 아이디어가 1970년대 산포되고 철학과 언어연구 분야에서 논쟁이 되었던 기간 동안, 건축계는 다른 주제에 사로잡혀 있었다.

버나드 츄미는 데리다를 건축가들에게 소개하는데 가장 일반적으로 관련시키는 건축가이자 교육자, 이론가이다. 자신의 소론과 발췌록으로 이루어진 츄미의 공동작업 결과물인 『건축과 해체 Architecture and Disjunction』는 1975년의 소론들이 포함되어 있으며 1996년에 출판되었다. 어휘는 대립적인 것과 모호함, 분열 disruption, 분리 disjunction, 혼란 disturbance 등의 개념을 불러일으키는 구조주의적인 것 혹은 후기 구조주의적인 것이다. 이 작업들에서 그는 자크 라캉, 조르쥬 바타이유, 그리고 마틴 하이데거를 인용하고 있다. 그러나 거기에는 자크 데리다에 대한 언급은 없다. JSTOR로 알려진 온라인상의 학구적인 글들의 저장소는 에세이를 제공하고 있다. 건축 범례 속에는 1980년 이전에 데리다를 언급한 극소수의 아티클들이 있다.

특히 온라인 도서관 자료들과 E저널과 인터넷의 발전 이전에는 교리들 사이의 아이디어의 느린 확산 가운데 이렇게 늦게 시작한 것이 그렇게 특이한 것은 아니다. 일련의 사유의 확산이 교리로 만들어지게 한 것은 무엇인가? 특히 건축으로 만들어지게 한 것은 무엇일까? 우리는 건축이 아무리 복잡하다고 하더라도 부분적으로 그것이 경쟁할 수 있는 그러한 넓은 범위의 이슈들(건설, 직업실무, 디자인, 경제학)을 가지고 있다는 점에서 이론 영역에 있어서 후발주자라는 것을 가정할 수도 있다. 그것은 또한 그것의 확산 분위기가 그림으로 나타낸 재료와 디자인, 건물들과 높은 지위에 있는 사람들, 특히 유명한 건축가들과 교육자들로부터의 인증을 통해 이루어진 법제화를 포함하는 사례이다. 건축에 아이디어들의 확산에 영향을 주는 많은 요인들은 명확하게 관련되지 않는다. 그것은 연쇄적으로 언어와 용어법의 문제이다. 건축이론가 마크 위글리는 데리다의 글쓰기가 항상 데리다의 논의가 구조, 위상기하학과 집안에 침입하는 것 등과 함께 건축에 의해 '출몰' 해왔다는 것을 납득이 가도록 논의하고 있다(Wigley, 1995). 이러한 용어들은 언제나 언어연구에서 유통이 되고 있지만, 데리다는 형식주의와 『그라마톨로지에 관하여』에서의 「간격두기」에 대한 참고할만한 사례를 들고 있다(1976, p. 200-201). 데리다는 1979년 10월 저널에 출판되었던 크래이그 오웬스 Craig Owens의 아티클에서 칸트를 통해 잠깐 언급되는 건축의 참고사례를 들고 있다. 그러나 건축은 그가 건축가와 함께 작업을 시작할 때까지 단지 데리다의 글쓰기에서 발생하고 있는 것처럼 보인다. '코라' (공통적으로 '공간' 이라고 번역되는 그리스 단어)로 제목이 붙었던 데리다의 에세이는 아이젠만과의 만남 이전에 상당부분 진행하고 있었다. 그리고 코라는 아이젠만과의 상호반응하면서 모티프가 되었다.

몇몇 비평가들에 따르면, 1980년대 고압적 자세의 건축은 의심의 여지없이 데리다 없이도 원래 그랬던 것처럼 계속해서 발전해왔다. 그리고 그 시기의 많은 건축에서, 데리다의 글쓰기는 건축에 영감을 주고 동기를 주는 것보다는 건축 아방가르드의 작업을 설명하고 정당화하고 문맥화시키는 수단으로 작용했다. 저서 『해체주의: 학생들을 위한 안내서』는 비록 지오프리 브로드벤트가 쓴 텍스트가 존경을 표하면서 그 자리에 해체주의적 건축을 넣으려고 하더라도 해체주의의 성공을 사실적으로 보여주고 있다. 브로드벤트는 독자들에게 건축이 데리다를 필요로 하는지에 대한 문제를 제기하고, 데리다의 철학이라는 참고사례 없이, 벤츄리와 같이 다양한 도전적인 해체주의의 실무적이고 논쟁적인 전략들이 이미 아방가르드 건축가들 사이에서 실행되었음을 인식시키고 한정된 범위의 해체주의에 대해 경고했다.

> 정말로 독립적으로-혹은 그렇게 보인다-그[벤츄리]와 데리다는 접점이 없이 사유한다. '둘 다-그리고' 혹은 '결정 불가능한 것', '투명성'의 그리고 얼마나 그것이 바람직하지 못한 것인지가 그렇다. 그리고 그의 접근방식은 아마도 실제로 혼돈스러운 것처럼 보이지만 데리다의 '해체주의'는 적어도 유지되고 있다.
>
> (Broadbent and Glusberg, 1991, p. 64)

캐서린 쿡 Catherine Cooke은 러시아 형식주의와 결합된 해체이며 공통적인 특성이 있는 건축스타일과 결합된다(Cooke, 1989). 어떤 경우에도 건축의 전통에 도전했고 그렇게 하기 위해서 사인과 예술문화의 언어를 채택했던 이미 언급한 흥미로운 사상가(벤츄리)들이 존재한다.

건축에 그의 아이디어가 느리게 확산된 것에 관해 좀 더 반추해보면, 데리다의 작업은 역시 철학에 익숙하지 않은 사람들과 그의 비평가들에게 선구자적인 사람들과 그다지 친숙하지 않은 사람들에게는 파악하기가 어려웠다. 초심자들에게 데리다의 사유를 설명하는 몇몇 명료한 텍스트들은 그의 생각들을 건축 속에 확산시키는데 핵심적인 역할을 담당했다. 이들 가운데 주목할 만한 것은 코넬대 영문학 교수인 조나단 컬러 Jonathan Culler의 1982년에 출판된 『해체주의에 관하여: 구조주의 이후의 이론과 비평』이라는 제목의 책이다. 초판은 컬러가 흔적과 접붙이기라는 은유뿐만 아니라 데리다의 매력적인 공간의 현존이라는 문제에 대해 명료하게 설명하고 있지만, 건축적 주제에 있어서는 부족한 참고문헌이었다. 이러한 주제들은 후에 컬러를 통해 1984년 등장했던 '고전적인 것의 종말: 시작의 종말, 종말의 종말' 이라는 그의 아티클에서 후에 아이젠만이 데리다를 참고하는데 사용되었다. 확인할 수 있는 한, 아이젠만이 쓴 이 에세이는 데리다의 글을 언급하고 있는 건축 이론가가 주석을 쓴 첫 번째 작업이었다.

아이젠만은 건축과 언어를 연결시키는 아이디어를 탐구하는 일련의 글과 책과 건물들로 이미 유명해진 상태였다. 그의 접근방식은 문법과 구문과 의미라는 주제로 작업을 하면서 구조주의를 끌어들였다. 오하이오 주립대학에 있는 최근에 완공된 웩스너 센터 Wexner building(1984)는 자체 내에서 충돌하는 그리드 시스템과 파편화된 역사적 콘텍스트적 참조물과 함께 포스트모던 건축의 주요한 사례로 일컬어져왔었다.

프랭크 게리 자택, 산타 모니카, 캘리포니아(credit Richard Williams)

프랭크 게리의 댄싱 하우스, 프라하, 체코

베를린 유대인 박물관, 다니엘 리베스킨트, 베를린, 독일

아이젠만은 또한 1978년 이탈리아에 있는 카나레지오 Cannaregio마을 광장의 뛰어난 디자인과 로미오와 줄리엣이라고 불리는 베니스 비엔날레 프로젝트를 완성시켰다.

나는 이미 버나드 츄미에 대해서 언급했다. 아이젠만이 고전주의의 종말에 대한 글을 완성할 즈음, 츄미는 그의 주요작품인 라 빌레트 공원 프로젝트가 현실화되는 것을 지켜볼 수 있었다. 그 공원은 파리 외곽의 옛 도

유대인 학살 추모 공원, 피터 아이젠만, 베를린, 독일

살장 자리에 세워졌다. 긴 운하와 결합시킨 그 디자인은 형식적인 그리드 패턴을 위에 얹어 놓았다. 각각의 그리드 선의 교차점은 밝은 빨강색으로 페인트칠이 되어 있는 거대한 스틸 프레임 구조의 존재가 드러났다. 츄미는 이러한 형태들을 '폴리' 로 언급했다.

츄미는 취리히 연방 공과대학교 ETH의 건축과에서 교육을 받았다. 1970년대의 그의 경력은 파리, 런던, 그리고 뉴욕으로 확장되었다. 1970년대에 그는 데리다의 주요한 출판 판로였던 「Tel Quel」이라는 저널 주위에 모여들었던 프랑스 아방가르드들의 글을 추종했다. 롤랑 바르트는 츄미의 주요한 원천중의 하나였다. 그의 1981년 포트폴리오 형식의 책 『맨해튼 스크립트』가 데리다를 참조하고 있지는 않았지만 츄미는 데리다의 글에 친숙했다(Kipnis, 1991, p. 60). 츄미가 설명하는 바와 같이, 그의 라 빌레트 공원 프로젝트는 파리의 넓은 지역을 회복시키기 위한 국제 건축 현상설계 경기의 당선작이었다. 그 공원에 대한 그의 비전은 문화적 교환에서 디자이너들뿐만 아니라 예술가들과 작가들을 함께 데리고 도입하는 것이었다.

> 여러 가지 교리를 도입하고 입체육교를 만드는 것은 공원의 핵심적인 개념이었다. 1970년대 프린스턴 대학과 AA에서 선생으로서 초기의 행위에서와 같은 방식으로, 나는 건축프로젝트를 위한 프로그램으로서 나의 학생들에게 카프카, 칼비노, 헤겔, 포우, 조이스 그리고 다른 작가들이 쓴 텍스트들을 줄 것이다.
>
> (Tschumi, 1997, p. 125)

츄미는 전체적으로 포인트 그리드 디자인으로 된 공통 구조 속에서 이 분야의 팀들이 공원안의 개별적인 정원들을 디자인하는 것을 제안했다. 그가 참여시키기로 독려했던 사람들에는 포스트모더니즘을 정의하는데 있어서 선도적인 역할을 한 인물들 중 하나였던 철학자이자 저술가인 장 프랑수아 료타르를 포함하고 있었다(Lyotard, 1986). 료타르는 결국 참여하지 않기로 결정했다. 그리고 협동 프로젝트의 모든 것들이 완성되지는 않았다. 츄미는 데리다와 접촉했는데 그 또한 어느 정도 설득이 필요했다. 츄미에 따르면 다음과 같다. '역사주의자의 리바이벌의 현재 헤게모니에 대항하여 취해지고 있는 그 시기의 주요한 문제는 상당수 후기구조주의 사상가들이 건축가들' 의 대화에 기여하는 것을 보았는데 그들 중 한명은 자크 데리다가 될 것이다(1997, p. 125). 명백하게, 그들의 만남에서 데리다는 츄미에게 건축가들이 "건축이 상징하는 모든 것에 반대인-해체가 반 형태적이고 반 위계적이고, 반 구조적인데" 왜 그의 작업에 관심을 가져야만 하는지에 대해서 물어보았다(Tchumi, 1997, p. 125). "정확하게 바로 그 이유 때문입니다." 라고 츄미가 대답했다. 츄미는 따라서 그는 '반-형태의 주창자' 인 데리다와 일련의 교리와 관련이 있고 건축에 형식주의자적인 접근방식을 추구했던 피터 아이젠만을 모시는데 적극적이었다. 그 건축가와 철학자는 라 빌레트 공원의 주제가 있는 부분의 디자

라 빌레트 공원, 버나드 츄미 작

라 빌레트 공원, 폴리의 파노라마

인을 하게 될 팀을 이끌 예정이었다. 철학자는 십여 년 동안 건축 사유에 영향을 주었던 유력한 혼성적 이론가이자 건축가를 만나게 되었다.

그래서 건축으로 데리다의 사유가 확산되는 것은 1984년의 만나기 전까지는 등장하지 못했다.[1] 건축 담론에 대한 사유의 논의에서 중요한 것은

1) 원주 : 통계 분석적 의도에서, 관련 저널에서 건축과 건축역사 그리고 데리다를 참고한 것에 이르기까지 거의 2.8 퍼센트의 건축 아티클이 데리다를 언급하였으며, 아티클의 비율이 1990년대에 정점을 이루고 있는 것을 지적할 가치가 있다. 비교사항으로, 더 적은 숫자이긴 하지만 비트겐슈타인과 하이데거에 대한 언급에 있어서 같은 최고조가 있다. 언어 이론과 철학 분야에서 데리다 관련 아티클의 분석과 데리다의 가정에 대한 영역은 치솟는 궤도를 보여준다. 다른 말로하면 그것들은 더 먼저 시작했다.

라 빌레트 공원, 폴리

몇몇 핵심적인 거대한 형식적 책들을 생산한 것이다. 이러한 생산은 1980년대와 1990년대의 후반 시기에 이루어졌다. 일단 데리다의 사유가 뿌리내리자 학계의 많은 사람들이 이러한 중요성과 더욱 중요하게는 디자인과 데리다에 의해 영향을 받아 해방되는 작업으로 의미되는 건축가들을 비평하기 위해 건축에 있어서 데리다의 중요성을 평가하려는 시도로서 제시하기 시작했다. 해체는 건축에서 자체적으로 옹호와 비판을 통해 재생산된다.

해체는 건축에서 자체적으로 옹호와 비판을 통해 재생산된다.

이러한 확산 효과에서 중추가 되는 것은 1985년으로 거슬러 올라가는(더 이전의 일러스트와 함께) 『Chora L Works: 자크 데리다와 피터 아이젠만』이라는 제목의 책으로 출판된 일련의 주석들과 편지들과 도면들과 글들이다(Kipnis and Lesser, 1997). 플라톤에 대한 데리다의 해석을 언급하는 제목의 첫 번째 부분이며 물질과 비물질적인 것 사이에서 공간이지만 일종의 제 삼의 공간(이어지는 챕터에서 더 자세히 탐구할)으로 이해되는 것이다. 이 책은 1988년에 아이젠만, 츄미 그리고 자하 하디드(Richards, 2008, p. 64)가 등장하는 뉴욕 현대 미술관 전시에서 출판되었다. 그 전시는 차례로 『해체: 옴니버스 볼륨(Papadakis *et al.*, 1989)』라는 책을 낳게 만들었다. 『해체주의: 학생 안내서』라는 더욱 두꺼운 포맷의 책이 1991년에 등장했다.

그래서 『Chora L Works』은 데리다의 사유를 건축가들에게 소개하는 핵심적인 텍스트들을 합쳐놓은 것이다. 그 책의 형태는 명확하다. 212페이지이며 22cm×22cm 크기의 정사각형 형식의 책이다. 또한 그 책은 겉표지부터 112페이지까지 팔각형 형태로 관통되어 절취되어 있다. 거기에는 뒤표지부터 거슬러 올라 125페이까지 10개 더 관통하여 절취되어 있는 부분이 있다. 이러한 절취선들은 1cm 사각형 이하의 것으로 두 개의 위에 놓인 공원의 정원에 대한 최종 디자인의 그리드 패턴들을 따르는데, 그것은 차례로 책의 겉표지와 사이 페이지들에 평면으로 묘사되어 있다. 절취선들은 텍스트를 침범한다. 하나의 그리드는 왜곡되고 어떤 선은 책의 가장자리의 선이다. 책의 반 이상이 칼럼이나 단락을 침범하지 않고 페이지 가장자리까지 확장되는 텍스트적인 소재로 채워져 있다. 이렇게 밀도 있게 포맷화 되어있는 산스 세리프 폰트의 텍스트는 페이지 전체를 가로지르는 회색의 바탕과 같이 취급된다. 그 책과 디자인의 주석을 달지 않은 공원 디자인과 텍스트는 이렇게 지어지지 않은 프로젝트의 가시적인 결과물을 구성한다.

문학적 학문적 그리고 예술 서적에서의 형태와 모양에 대한 실험은 유별

난 것이 아니다. 그리고 데리다의 저서 『Glas』는 1974년에 프랑스에서 처음 출판되었으며, 평행한 상호교차의 텍스트들과 다른 폰트들로 된 칼럼들을 제시하고 있다. 여기에는 해독자가 명백하게 참여하도록 만들고 텍스트에서 발전되는 느낌이 있고 어느 정도 독자의 역할에 기여하면서 (브리콜레르로서의 저자와 독자) 그러한 언어적이고 출판 전통의 위급함속에서의 경향이 있다. 『Chora L Works』의 사례에서 절취선들이 텍스트를 침범하고 독자는 둘러싸여 있는 단어들이 바로 콘텍스트에 참여함으로써 무엇이 빠져 있는가를 추론해야만 한다. 모든 해석의 특성을 명백하게 만드는데 있어서 틀림없이 더 많은 실행이 있다. 그 책의 형태는 또한 공원 디자인의 주요 형식적 요소들인 일련의 피난처들을 창조하기 위해 사이트의 지표면을 굴착하는 제안을 반영하고 있다.

제안된 프로젝트의 도면에는 스케일이나 콘텍스트의 표시가 거의 되어 있지 않다. 가장 두드러지는 사이트 플랜은 파리보다는 베니스를 표현하고 있다. 그리고 텍스트속의 기술된 부분은 오버레이와 다양한 개념적 변형이 있는 스케일의 문제를 생략시킨다. 그 프로젝트의 최초의 초점이 되는 부분은 거대한 원형의 통로에 의해 규정되는 라 빌레트 공원의 중간에서 등장한다.

텍스트를 해독하기 어렵게 만들면서, 그 책과 건축 프로젝트는 실제로 텍스트가 촉진시키는 옹호 의견과 비판적 의견 사이에서 복잡한 작용을 하게 만드는 일러스트와 프로젝트에 대한 옹호에 특권을 부여하고 있다. 더 쉽게 읽혀질 수 있는 몇몇 아티클들은 아상블라주라는 저널에 등장했던 제프리 키프니스의 글들과 같이 다른 출판물로부터 자료를 얻을 수 있다. 그 책의 형태 역시 텍스트에서 뚜렷하게 일치하지 못하는 것을 구분하는 시도로서 등장한다. 그 책의 편집자이자 아이젠만의 동료인 키프니스는 친밀한 관계로 위장한 채로 '방어성, 이중성, 분쟁' 이라는 흔적을 남긴 관계인, 아이젠만과 데리다가 건축 프로젝트에서 동문서답한 것을 예리하게 지적한다(1991, p. 33). 저서, 『해체주의: 옴니버스』 판은 10여 년 동안의 이야깃거리의 관계를 청산했지만 찰스 젱크스와 다른 사람들이 비슷하게 신중한 비판을 한 것을 포함하고 있다.

> 그리고 해체주의의 진짜 모순은 여기에 있다. 다원주의, 차연, '전체성에 대한 전쟁' 그리고 '타자성'에 대한 방어에 대한 요구에도 불구하고 이러한 연금술적인 작업은 종종 일원론자이고 엘리트주의자, 도량이 좁은 사람과 같은 모습이며 '동일성'을 전달한다. 아마도 건축에서 이것은 너무나도 오랫동안 보이드에 집중하는 결과를 낳았다. 그것은 자기 부인이라는 개인적인 종교적 언어에 속하는 결과를 낳았다. 그러한 압제와 모순 때문에 우리는 다양성과 해학이 있는 진짜 해체주의 건축이 아직 존재하지 않는다고 반박할 수 있다.
>
> (Jencks, 1989, p. 131)

건축에서의 해체와 관련된 사유의 유통은 그러한 비평 대신에 혹은 아마도 그러한 비평 때문에 지속되었다.

코라 Chora L 작업

키프니스, 아이젠만, 그리고 데리다가 쓴 합본 저서에 있는 다양한 사본들과 에세이들의 세부적 해석을 보면 건축부문과 데리다가 만난 것을 보여주고 있다.

『Chora L Works』은 1985년 9월 17일 뉴욕에서 데리다와 아이젠만과 다른 인물들 사이에서 편집자 제프리 키프니스가 실제 기록한 초기의 디자인 미팅의 편집된 사본으로 시작하고 있다. 이 첫 번째 문자화된 회의에서 데리다는 『티마이오스』에서 플라톤에 의해 개념이 설정된 코라의 개념으로 그의 관심을 보이고 있다. 데리다의 해석 아래 코라는 다음에 나오는 3분의 1의 공간을 점유하며 구성하고 있다. (i) 생각의 영역, 즉, 영속적이고 변하지 않는 형태와 이상적인 것이 거주하는 멀지만 보이지 않고 확고한 영역, 그리고 (ii) 여기와 현재에 우리가 점유하고 있는 감각계, 즉 너무나 많은 불완전한 이데아의 모사를 포함하고 있는 인간 경험의 불완전한 세계이다. 삼분의 일의 공간인 코라는 포함의 모순적 실재로서 다른 두 가지보다 먼저 일어나며 그들에 축소할 수 없다.

> 그것이 절대적으로 빈칸으로 되어 있기 때문에, 그것 위에 프린트 되어 있는 모든 것은 자동적으로 지워질 것이다. 그것은 그것에 받고 있는 인쇄된 것과는 관련이 없는 것으로 남아 있다. . . 그 안에 새겨져 있는 모든 것들은 즉시 스스로를 지워 버린다. 반면에 그 안에 남아 있다. 따라서 그것은 불가능한 표면이다. -그것은 심지어 표면이 아닐 수 있다. 왜냐하면 그것은 아무런 깊이가 없기 때문이다.
>
> (Kipnis와 Lesser, 1997, p. 10)

코라 개념이 그들의 회의에서 설명되었기 때문에 아이젠만은 코라의 문제를 가능한 프로그램의 윤곽으로 보았고 다음과 같이 질문하고 있다. '이제 우리는 물리적으로 이 프로그램을 구체화시킬 것인가요?' 데리다는 다음과 같이 반박한다. '그것은 인간 우주, 인간 활동권(圈)의 높이가 될 것입니다' (Kipnis and Lesser, 1997, p. 10). 즉, 그것은 확신에 차있어서 변하지 않는 신념, 형이상학적 변형으로서의 인류의 주권에서 이성에 기초를 두는 시도이다. 아이젠만은 여기서 구축의 가능성을 본다. '코라의 부재. . . 코라의 부재의 현존' (Kipnis and Leeser, 1997, p. 10) 더 많은 논의 이후에 아이젠만의 이전 프로젝트들을 포함하여 그들은 각각 더 많은 작업을 해석하면서 다시 만나는 것에 동의한다.

데리다의 에세이 『코라』의 영어번역본은 그 책의 두 번째 챕터를 구성하고 있다. 이렇게 절취된(물리적으로), 난해하게 형식화되었고 따라서 읽기 어려운 소론은 인쇄된 영어 버전인 것처럼 보인다. 데리다는 이미 아이젠만을 만나기 전에 에세이 작업을 시작했다. 그리고 그것은 그들의 상호작용의 과정에서 완성되었다. 에세이에서 데리다는 플라톤이 요소(흙, 공기, 불과 물)의 기원에 대한 문제를 기술하고 있는 플라톤의 저서

『티마이오스』를 참고문헌으로 언급하고 있다. 거기에는 두 가지 형태의 실재가 있다. 가지계이자 변하지 않는 모델과 변화하는 모사(카피)로서 그 감각계에 의해 이해될 수 있다(Plato, 1965). 따라서 거기에는 두 가지 공간들이 존재한다. 장소, 모델, 영역이 그것이다. 그것은 가지계(可知界)와 감각계(感覺界)이다. 이것은 '존재의 피난처' 이다(Plato, 1965, p. 67). 플라톤은 후에 『티마이오스』에서 그것을 표현하기 위해서 그리스 단어인 코라(공간)를 전개시켰다. 플라톤은 이러한 '세 번째 형태' 가 복잡적이고 모호하다는 입장을 견지한다. 그것은 모든 존재와 변화의 양성소이다(나는 이러한 설명에 대해서 다음 챕터에서 상세히 설명할 것이다).

『Chora L Works』의 세 번째 섹션은 1985년 11월 8일로 거슬러 올라가는 파리에서 열렸던 두 번째 디자인 회동에서 있었던 편집된 사본이다. 회동된 팀은 그들의 프로젝트를 위한 동기로서 코라로 씨름한다. 아이젠만은 다음과 같이 제안한다. '한 가지 가능성은 모래와 물을 사용하는 것입니다. – 글쓰기를 위한 모래와 지우기 위한 물. . . 거기에는 또한 변위(變位)의 감정이 있어야 했다' (Kipnis and Leeser, 1997, p. 34). 데리다는 코라에 대한 훌륭한 유추로서, 당신이 볼 수 있지만 절대로 들어갈 수는 없는 아이젠만이 계획한 방이 있는 집의 우월성을 좋아하는 것처럼 보인다. 이후 뒤로 걸을 것 같은 공원에 대한 아이디어와 재현의 관계에서 생각하는 것으로부터 나온 공원의 사용자와 기원의 생각에 대한 더럽혀진 것인, 코라의 역설적 본질인 무의식에 대한 은유로서 프로이트의 신비로운 글쓰기 판 writing pad을 사용하는 것에 대한 논의가 따라온다. 그들은 또한 그 프로젝트로부터 책을 만들어내기 위한 그들의 의도를 논의한다. 그리고 열정적으로 회의에 참석했던 인물들은 다음 회의까지 디자인된 도면을 가져오기로 합의한다. 아이젠만은 그 사이트를 채석장, 양피지, 그리고 미로로 분할하는 아이디어를 도입한다. 데리다는 이 계획은 출구 속의 희망을 제시하고 있는 종말을 이야기한다. 그런데 그것은 코라의 개념과 정확하게 일치하는 것은 아니다. 그들은 실용적으로 회의를 하고 비실용적으로 사용자가 한 영역에서 또 다른 부분으로 갈 때의 인상을 변화시키는 공원으로 가는 기회를 주는 것에 대해 논의하고 있다. 그들은 진흙반죽 매체를 비디오와 영화를 논의한다. 데리다는 공공에 의해 수행이 되었을 때의 그러한 작업의 안전성에 대해 우려했다.

네 번째 똑같은 회의가 뉴욕에서 열렸다. 그 대화는 또 다른 건축가(알랭 펠리시어 Alain Pelissier, 그들의 두 번째 기록된 회의에 참석했던 인물)가 이미 그들의 사이트 한 복판에 무언가를 집어넣기로 의뢰받았다는 불평으로 시작한다. 라 빌레트 사이트의 다른 부분을 맡는 것과 관련되어 있는 회의 이전에 일종의 해결에 이른 것처럼 보이는 것이 있었다. 대화는 코라와 그것을 프로젝트에 연결시키는데 어려움에 대한 주제로 옮겨간다. 플라톤은 코라를 여성적인 것으로 지정한다. 코라는 피난처(그릇, 용기)이다. 모든 것은 그것 위에 새겨진다. 그러나 그것은 순결하다. 데리다는 피난처가 단지 은유일 뿐이라고 주장한다. 데리다는 다음과 같이 언급한다. '따라서 우리는 은유를 바람직하지 않게 사용하고 있다. 역시 은유 자체의 개념은 '좋지 않습니다' 그것은 적당한 것이 없습니다. . . 그러나 우리는 은유를 회피할 수 없습니다. . . 그것은 우리가 건물들의 은유를 피할 수 없는 것과 같습니다(Kipnis and Leeser, 1997, p. 70). 아이젠만은 또한 츄미의 라 빌레트 공원 디자인과 아이젠만 자신의 지어지지 않았지만 널리 산포된 카나레지오 프로젝트 사이의 연결점을 열심히 보여주고자 한다. 그것은 역시 옛 도살장 사이트로 의도된 것이었다. 그 프로젝트들은 아이젠만이 '최초의 아이디어를 누가 냈는가에 대해서는 따지고 싶어 하지는 않지만, 그리드 점들을 사용한 면에서는 유사하다(Kipnis and Leeser, 1997, p. 70). 거기에서 채석장이라는 주제가 제시된다. 거기에는 아이디어가 다양한 프로젝트들로부터 채굴해오는 느낌이 있다. 대화는 츄미에 의해 아이젠만과 데리다가 어떻게 소개되었는지에 대한 설명과 여러 가지 쓰이고 디자인된 작업들과 관련된 여러 가지가 동시에 일어나는 이벤트들의 설명으로부터 벗어난다. 그들은 그들의 프로젝트의 제목에 대해서 논의한다. 그것은 '코라 작업' 이 될 것이다. '훌륭해요' 라고 아이젠만이 소리쳤다. '이제 우리는 모든 것을 갖추고 있어요-우리에게는 당신이 있고 내가 있고 스토리와 제목이 있어요.' 데리다가 반론한다. '그 작업은 아직 진행 중입니다' (Kipniss and Leeser, 1997, p. 73). 그들은 그 프로젝트를 진행하는데 필요한 금전적인 이야기도 했다. 그리고 데리다는 프랑스어 단어 maintenant, 영어로 번역하여 '지금' 을 도입한다. 그러나 '단층을 유지하기, 차이를 유지하기' 라고 언급하는 데리다로부터 영향을 받는다(Kipniss and Leeser, 1997, p. 73). 이 주제는 책에는 포함되지 않았으며 더 많은 아티클에서 작업이 진행되었다(Derrida, 1986).

다섯 번 째 회의는 코네티컷 주 뉴 헤이븐에서 열렸다. 아이젠만과 그의 동료 토마스 리서 Thomas Leesser는 일련의 액소노메트릭 도면으로 그들의 그 사이트에 대한 제안을 설명한다. 그 디자인은 베니스 비엔날레 프로젝트(로미오와 줄리엣)인 아이젠만의 초기 카나레지오 계획안과 츄미의 라 빌레트 공원 디자인에 형태와 레이어를 첨가하면서 참고사례가 되었다. 그러나 우연하게 양상이 뒤 바뀌어 나타난다. '버나드의 프로젝트의 미래작품경향을 베니스(카나레지오)작품으로 볼 수 있으며 피터의 카나레지오 계획이 현실화된 라 빌레트 프로젝트이다(Kipnis and Leeser, 1997, p. 77). 우연적인 양상이 사이트 전체에 솔리드와 보이드 사이의 관계와 관련되어 현시된다. 리서에 따르면, '땅 아래 있거나 부정적 형태인 모든 것은 과거이건 현재이건 간에 피난처(저장소)로 해석된다. 그것은 얼마나 그것이 땅속으로 들어가는가에 달려있다(Kipnis and Leeser, 1997, p. 78). 그들은 섬유의 틈을 넓히는 더 많은 요소가 필요하다고 인정한다. 그것은 영화 「2001: A Space Odyssey」에서 나오는 갑작스럽게 튀어나오는 슬래브와 같이 설명하기 힘든 스테인리스로 된 슬래브, 그러나 아마도 무언가 평행한 면과 같은 것이다. 그들은 데리다가 이러한 이종적인 요소를 고안하고 그들이 다음에 만나기 전에 그 사이트에 위치시켜줄 것에 동의한다.

차후에 파리로 돌아한 후 데리다는 플라톤의 『티마이오스』를 해석한 것으로부터 도출된 사물의 그림을 그렸다. 그것은 평면에 그랜드 피아노와 같은 대강의 윤곽선이 있다. 그리고 그것은 하프와 같이 생겼고 현악기로는 일반적이지 않은 것으로, 그리드로 인식된다. 그것은 지표면의 선에 한 구석에서 쉬고 있는 것처럼 그 페이지에서 사선으로 표현되었다. 그가 손수 쓴 글(책에서 후에 등장한다)에서 그는 그 사물을 수금과 체, 도드미 riddle, 땋아 내린 로프작업과 필터와 같은 것으로 언급한다. 그는 금속인 금으로 구축한 것에 대해서 크기조정을 언급한다.

> 태양에 평행하지고 수직적이지도 않게 사선으로 위치하며, 동시에 프레임 작업(베틀), 체 혹은 그릴(격자 쇠창살 그리드)과 같은 고체의 프레임과 닮았고, 또한 현이 있는 악기(피아노, 하프, 수금): 현, 현악기, 성대, 기타 등등. . . 사진을 찍은 이후에 하늘에서 떨어진 망원경 혹은 사진으로 보여주는 기계이다. . . . 그것은 합창 작업의 공간인(코라) 콘서트와 다수의 합창곡에 사인(의미하는가?)을 만들 것인가?
>
> (Kipnis and Lesser, 1997, p. 185)

그가 묘사하고 있는 많은 요소들은 플라톤의 『티마이오스』에 현존하거나 혹은 제시되어 있다.

다섯 번째 사본 이후에 나온 부분은 츄미와 아이젠만 사이에서의 서신교환 복사본을 제시하고 있다. 거기에서 츄미는 아이젠만이 라 빌레트 프로젝트가 그의 카나레지오 디자인으로부터 도출되었다고 단언하면서 언론에서 명백하게 보도된 그 주장이 잘못된 것으로 생각하고 있다. 아이젠만은 츄미가 그 사실을 인정하라고 편지를 보냈을 때 언론의 복사본에 좀 더 주의를 기울이지 못했음을 사과하면서 잘못 보도된 것이라고 말하라는 요구에 응했다. 여섯 번째 회의가 뉴욕에서 열렸다. 그 회의가 발전시킨 디자인은 녹이 슬어있는 코르텐 강과 대리석(얼룩마노)를 포함하고 있는 벽과 제방과 축성으로 구성되는 구멍과 보이드를 포함하고 있다. 그 팀은 사람들이 그 공간에 들어가는 것을 허락되지 않지만 그것을 조망하는 것을 생각했다. 만약 접근할 수 있다면, 지층면에 있는 개구부는 유리로 덮힐 수 있을 것이다. 아마도 거기에는 핸드레일과 해자가 필요할 것이다. 데리다는 사람들을 들어오지 못하게 하는 아이디어, 즉, 그 장소를 오브제, '더 안 좋은 것은 신성한 오브제' 로 만드는 것을 좋아하지 않았다(Kipnis and Leeser, 1997, p. 90). 수면 레벨 위로 일부가 튀어나오면서 수면 아래에 전체 구축물을 잠기게 하는 것을 포함하여 여러가지 해결책들이 제안되었다. 그 팀은 모든 것이 뒤집혀 있는 것을 볼 수 있으며 '사람들을 지면 아래로 입장할 수 있도록 하는' 하부지형의 접근위치에 대해 합동작업에 착수하는 것처럼 보인다(Kipnis and Leeser, 1997, p. 91). 아이젠만은 이 해결책을 데리다의 주제인 코라로 회귀하는 것으로 보았다. 그들은 이후 그 그룹에 새로 방문한 프랭크 게리에게 전체 계획안과 프로세스의 설명을 진행했다. 그의 코멘트가 있었다고 하더라도, 그 텍스트에는 기록되어 있지 않다. 대성공의 기운이 철학자 데리다와 건축가 아이젠만 사이의 관계에 대한 반영과 함께 계속되었다. 그 프로젝트는 명백하게 그 철학자와 건축가가 그들의 차이로 인해 대립할 때 이러한 수준의 해결점에 도달할 수 있었다. 이 시점에서 키프니스는 그 프로젝트와 아이젠만의 형태에 대한 향수에 대한 그의 형식적 기여의 재현적인 상징으로서 체 또는 수금이라는 그의 선택에 있어서 데리다의 고지식함에 대한 비판을 불쑥 끼워 넣는다. 아이젠만은 데리다를 두려워했고 위대한 철학자와 관련하여 그를 '더 낮은 위치에' 놓았음을 인정한다. 데리다는 그러한 심리적인 것을 회피했으며, 동의하는 반응을 보였지만 대답은 간명했다.

그 책의 이 부분 이후에 데리다와의 만남에 더욱 관계가 악화되었으며 그 만남은 수금 Lyre과 거짓말쟁이 liar 사이의 동음이의의 유희 pun를 포함하면서 수금-체 모티프에 도움을 주는 그 프로젝트의 이름을 짓는데 정당화시켰다. 그 에세이는 「왜 피터 아이젠만은 그러한 훌륭한 책을 쓰는가」라는 제목을 붙였다. 그것은 프리드리히 니체('왜 나는 그러한 훌륭한 책을 쓰는가')로 사용된 제목을 변형시킨 것이다. 데리다는 피터 아이젠만의 이름을 포함하여 일련의 동음이이어의 유희 pun를 통해 그들의 토론과정에서 제기된 아이젠만의 참고문헌의 각각을 아이젠만 자신의 글과 디자인에 연결시킬 수 있었다. 피터 아이젠만의 이름: 그의 첫 번째 이름이 돌(피터)에 연결되었고 그의 성 surname(아이젠만)은 철 iron과 연결되었다.

> 그럼에도 불구하고 나는 사실을 말할 것이다. 그것은 '만물의 척도인 사람으로서' 인간중심적 스케일을 깨뜨리기로 결심한, 이 철인 man of iron의 진실이다. 그는 그렇게도 훌륭한 책을 쓰는 것이다! 나는 맹세한다! 이것은 거짓말쟁이들의 말이다. 그들은 그들이 사실을 말하고 있다고 말하지 않았다면 거짓말을 하지 않았을 것이다.
>
> (Kipnis and Lesser, 1997, p. 100)

그 책의 마지막 사본은 뉴욕 쿠퍼유니온 건축대학에서 청중 앞에서 데리다와 아이젠만, 그리고 키프니스 사이에서 있었던 논의와 연결되어 있다. 사본의 대부분은 데리다에게 해당되는 것인데 그는 어떻게 해체주의가 철학과 다른지와 건축의 신성한 기원에 대해서 되짚어보는 것으로 시작한다. 그것은 그것의 형이상학적 기초로 말할 수 있다. 이곳과 다른 곳에서 그는 해체주의가 적용되는 지역을 암시한다. 그러나 그것은 건축에 의해 무시당했고 적어도 데리다는 그것을 다음과 같이 표현하고 있다.

> 그리고 건축에서 무엇이 위험에 처해있는가는 물론 광범위한 형태 속에 있는 형이상학과, 종교뿐만 아니라, 정치와 교육기관, 경제 문화도 포함한다. 피터 아이젠만과 같은 건축가와 건설을 방해하는 모든 권력 사이에서의 협상은 정확하게 건축이나 건축물로서 파괴가 일어날 수 있는 장소이다.
>
> (Kipnis and Lesser, 1997, p. 106)

데리다는 그가 여러 논의와 인터뷰에서 했던 확언을 반복한다. '당신은 코라가 건축이라거나 건축을 위한 새로운 공간이라고 말할 수 없습니다' (Kipnis and Lesser, 1997, p. 109). 해석과는 대조적으로 아이젠만과 다른 건축가들은 코라의 개념을 부여한 것으로 보인다. 그것은 보이드가 아니다. 그것은 어떠한 사물도 아니다. 데리다가 이러한 명백한 오해에 제공하는 것처럼 보이는 유일한 양보는 '아마도 건축이 단지 공간을 잊기 위한, 코라를 잊기 위한 가장 강력한 시도' 라는 것이다(Kipnis and Lesser, 1997, p. 109). 후에 공공 회의에서 아이젠만은 건축의 무능력함에 대해 명백하게 자기비판적인 주장으로 데리다에 다음과 같이 도전하고 있다. '우리는 당신이 건축가가 아니기 때문에 소통되지 못한다고 말하는 것이며 당신은 우리가 철학자가 아니기 때문에 소통되지 못한다고 말할 수 있습니다' (Kipnis and Lesser, 1997, p. 110). 청중 중에 한 사람이 어떻게 데리다가 협업하는데 지명되었는지에 대해서 질문했다. 데리다는 '명백하게 공동 작업은 아닙니다. 그 작업은 심지어 의견교환보다도 못한 것이지요. 그것을 어떻게 부르시겠어요? 피터?' 라고 응답한다. '집착이지요' 라고 아이젠만이 대답한다. 데리다는 다음과 같이 덧붙인다. '그것은 서로 기생하는 나태함이지요' (Kipnis and Lesser, 1997, p. 111).

그 책에서 사본은 이렇게 도중에 끝난다. 그리고 절취선부터 일시적인 공백이 있다. 목차, 일러스트레이션 자료제공자 credit와 버나드 츄미가 쓴 한 페이지 분량의 소개문 등과 같이 신중하게 잘못 배치시킨, 출판사의 첫 페이지에 배치되는 요소들이 있다. 이후에는 더 많은 일련의 (절취된)아티클들이 이어진다. 아이젠만이 쓴 첫 부분은 심리학자 칼 융이 개념화시킨 것으로서 신화적인 사기꾼 기능을 가지고 있는 데리다에 대한 신중한 일체화(동일시) 혹은 적어도 그들의 상호작용으로 이끈다. 그리고 여기에서 아이젠만은 '기생하는 나태함' 을 종결부(코다) '분리된 트릭' 이라고 첨언한다(Kipnis and Lesser, 1997, p. 136).

이후 그 책의 편집자이자 아이젠만의 동료인 제프리 키프니스가 「분할선 separatrix을 비틀기」로 제목을 붙인 에세이와 사본 이전에 나오는 세부적인 분석이 따라온다. '분리된 트릭' 들로 유희하는 것뿐만 아니라 분할선은 사선의 일필(一筆)이며 혹은 앞쪽의 슬래시(/), 그것은 공통적으로 두 개의 대립되는 요소들을 분리시키는데 사용된다. 장식/구조, 기의/기표, S/s, 날것/요리된 것, 그리고/혹은 등이 그렇다. 내가 챕터 2에서 지적했듯이, 그것은 구조주의와 데리다의 글에서 명백하게 발생한 것이다. 이러한 통찰력 있는 에세이에서, 키프니스는 그 사본에는 없는 시카고 컨퍼런스에서 아이젠만으로부터 나온 코멘트를 다음과 같이 인용한다.

> 그래서 내가 우리가 함께 했던 프로젝트–파리에 있는 공공정원–에서 첫 번째로 의견분열이 있었을 때, 그는 공황에 빠지게 했던 질문을 했다. '어떻게 식물이 없는 정원이 있을 수 있지요?' '나무는 어디에 있지요?', '사람들이 앉을 벤치는 어디에 있나요?' 이런 것이 바로 철학자가 원하는 것입니다. 그들은 어디에 벤치가 있는지를 알기 원해요.
>
> (나는 아상블라주 Assemblage (Kipnis, 1991, p. 36) 에 등장했던 그 논문의 편집부분을 인용한다(그것이 읽기에 더 쉽다).

키프니스는 아이젠만이 어쨌거나 아무것도 만들어내지 않았을 데리다와의 만남이 아무것도 생산하지 못했다고 단언한다. 혹은 적어도:

> 그 정원이 아이젠만에게 데리다가 참여해서 특별히 도움을 주어 무언가 중요한 방향성을 잡는 변화가 생긴 증거가 되었다고 말할 수는 없을 것이다. 아이젠만은 그와 데리다가 그 사건이 벌어져야만 한다고 동의했더라도 우리가 보게 될 것처럼, 그것을 회피했다.
>
> (Kipnis, 1991, p. 36)

키프니스는 사본에서 데리다의 여러 가지 디자인 제안의 아무리 장점이 있다고 하더라도 아이젠만에게 승인받지지 못했다. 인쇄와 삭제; 간결함; 훌륭한 작품이 아님, 땅과 공기, 불과 물을 사용하는 것; 전기 장치를 통하여 빛과 소리를 사용하는 것; 순환적이지 않거나 전체화되지 않는 것 등이다. 관련되지 않은 이질적인 요소(체-수금)를 삽입함으로 인해 그 프로젝트의 전체화되는 양상을 뒤집으려는 데리다의 시도가 조용히 승인되는 것처럼 보인다. 그러나 데리다의 오브제의 그림이 도착했을 때, 그것은 지체 없이 무시되거나 적어도 그 프로젝트의 하나의 구성요소로 주변화되었다.

<u>데리다의 오브제 그림이 도착했을 때 그것은 지체 없이 무시되거나 적어도 그 프로젝트에서 하나의 구성요소로 주변화되었다.</u>

협업에 대한 데리다의 염려는 '아이젠만에게 보내는 편지' 에서 더 표출되고 있다. 캘리포니아 어빈 Irvine 콘퍼런스에서 오디오 녹음을 그가 바로 보냈으며 거기에 아이젠만이 참석하고 있었다. 그러나 데리다는 참석할 수 없었다. 데리다는 아이젠만을 고집 센 형이상학자로 보았다. 아마도 그는 데리다가 그에게 제시했던 딜레마와 싸우고 있지 않았을 수도 있다. "코라는 당신이 때때로 제시하는 것처럼 보이드도 아니고 부재도 아니며 비가시적인 것도 아니며 확실히 거기에 있는 것과는 대립적인 것입니다. 그리고 이것이 바로 나를 흥미롭게 만드는, 많은 수의 결과물들이지요." (나는 여기서 Assemblage에서의 글을 다시 인쇄하여 언급하고 있다(Derrida and Hanel, 1990, p. 8).-다시 그 프로젝트에 대한 데리다의 불만은 명확하다. '만약 내가 (컨퍼런스에) 와야 한다면 나는 아마도 내 자신이 "코라 작업" 의 과정에서 배제하는 것을 말했을 것이다' (Derrida and Hanel, 1990, p. 8). 다른 도전 가운데, 데리다는 아이젠만을 건축과 관련된 다른 주제(빈곤, 임대주택, 홈리스 등)에 대해서 반추하기 위해 초대했다.

데리다는 후에 제프리 키프니스가 인터뷰한 필기록인 저서에서 다음과 같이 유사하게 주장한다.

> 담론에서의 해체보다도 건축적 해체를 더욱 긍정적이고 중요하고 효과적으로 만드는 것은 그것이 조우하고 가장 효과적인 저항-문화적, 정치적, 사회적, 경제적, 재정적, 물질적 건축적. . . -을 극복하고자 시도해야만 한다는 것이다. 따라서 건축과 비슷한 이유로 인해서 법칙은 궁극적인 해체의 시험이다.
>
> (Kipnis, 1997, p. 167)

데리다는 필기록으로부터 기술적 가능성과 경제성, 그리고 안전에 관해 의문을 제기한 사람이 바로 그라는 것을 회상했다. 키프니스는 데리다의 사유가 대개 아이젠만에 의해 무시되었다고 주장한다. 데리다는 또한 저작권에 관해 이야기 한다. 그리고 해체가 건축의 스타일을 구성할 수도 있다는 제안을 파기시킨다.

데리다는 필기록으로부터 기술적 가능성과 경제성, 그리고 안전에 관해 의문을 제기한 사람이 바로 그라는 것을 회상했다.

> 여기에 여태까지 연구되어왔던 건축적 해체의 부정적 모티프를 초월하여 행해져야만 했던 것이 있다. 광의의 개념에서 건축의 해체는 더 이상 닫히거나 동일함을 증명할 수 있으며 특정 영역이 아닌 건축을 생산할 것이다. 결과적으로 건축은 건물 디자인이나 구축 이상이 되기 위해 투쟁해야만 한다. 그것은 우리가 일반적으로 '문화'라고 부르는 것을 초월하여 작동하는 도시계획을 포함하여 관계와 관련되는 것으로서 연구되어야 한다.
>
> (Kipnis and Leeser, 1997, p. 170)

데리다는 '우리가 해체적인 것이라고 동일시 할 수 있는 오브제가 없을 것' 이라고 확언한다(Kipnis and Leeser, 1997, p. 171). 그 책의 마지막 부분은 데리다의 편지에 대한 아이젠만이 다음과 같이 결론을 내리면서 대답하는 것을 포함하고 있다. '결국, 나의 건축은 그래야만 하는 것이 될 수 없고 그럴 수 있는 것이 될 수 있을 뿐입니다' (Kipnis and Leeser, 1997, p. 189).

그의 책 『Chora L Works』는 여기서 내가 암시했던 것보다도 더 많은 단어와 내가 빠르게 살펴왔던 주제의 복잡성과 논의들을 포함하고 있다. 그러나 그것들은 책에 기록되어 있는 키프니스의 에세이에서 더 완벽한 분석이 이루어지고 있다. 지적 전통에서 문화적 차이와 차이들이 그랬던 것처럼 협업/집착에서 개성적인 역할을 했던 사본에서부터 그것은 명확하게 나타나고 있다. 데리다와 아이젠만이 말하는 상호적인 기생주의는 디자인뿐만이 아니라 명성과 지위, 법제화, 교리적 영토와 '저자의 투자' (혹은 '작업에 사인하기')와 관계되어 있다(Kipnis and Leeser, 1997, p. 168). 키프니스와의 인터뷰에서 데리다는 다음과 같이 단언한다. '만약 이 프로젝트에 참여하고 있는 내가 단순히 건축영역에서 가능하게 만드는 사소한 역할이었다면 나는 즉시 그만두었을 것입니다' (Kipnis and Leeser, 1997, p. 170).

『Chora L Works』에서 묘사된 건축과 그것이 보여주고 있는 건축의 접근방식은 건축 혹은 적어도 건축의 변형체가 바로 공공에 반하여 보호되는 자기지시적인 교리가 되는 많은 것들에 의해 발전된 책임에 비난받을만하다. 아이젠만에게 있어서 그 공원 디자인은 지어지거나 지어지지 않은 특정한 순환적 작업에 일련의 교차적인 작업에 의해 동기를 얻은 것처럼 보인다. 그 작업은 '상호 텍스트성' 에 관한 사유로부터 나온 것에 대해 논쟁적으로 쓰고 있다. 그러나 그것이 언급하고 있는 '텍스트' 는 매우 특정한 순환요소이다. 다른 프로젝트들은 저자가 만든 것이다. 제안된 공원이 어떻게 상상 속에서 사이트의 사용자들이라는 텍스트와 교차하는가? 건축가의 작업에서 뚜렷이 나타나기보다는 공공과 이용자에 대한 아이디어가 함축적일 수 있다는 것을 인정할 때조차도, 우리는 참여적인 디자인 개념과 필요성의 인식과 법규와 계획상의 규제요소를 인정하는 개념들은 별도로 하더라도, 무언가 무언의 공공의, 도시의, 욕망 혹은 인구학의 개념조차도 열심히 연구해야만 한다. 데리다는 아이젠만의 뚜렷한 형식주의와 사람들이 공원을 이용하는 것과는 관계없이 건축적으로 언급하는 것에는 관심이 없는 것을 초월하는 이슈들(예를 들면, 건강문제와 안전문제)에 대해 주의를 기울이고 있는 것처럼 보인다.
그 자체의 상호 참조적이고 비판적인 자기 자각과 함께 저서 『Chora L Works』 자체는 상호텍스트성의 취향이 있음을 증명하고 있다. 그러나 그 책의 분위기는 결국 소풍을 즐기거나 주위에서 축구경기를 할 수 있는 것은 아니다.

건축, 혹은 적어도 그것에 대한 이러한 변형은 적어도 너무나 손쉽게 공공에 반하여 보호되는 자기 지시적인(작가 자신이나 작가의 다른 작품에 대해 언급하는) 교리가 된다.

만약 사용자의 요구사항을 생각했을 때, 프랑스 지성인과 아이젠만의 건축이 너무나 기능주의적인 것으로 나타난다면, 산책이라는 생각을 통합시키는 것은 기능주의적이지 않을 것이다. 발터 벤야민의 아케이드 프로젝트, 루이 아라공 Louis Aragon의 파리 농부 그리고 앙드레 브르통의 벼룩시장으로의 내러티브 여행(Breton, 1960; Aragon, 1994; Benjamin, 2000)에서의 만보객을 생각해보라. 해체주의 작업이 있는 『Chora L Works』이라는 건축적 만남과 그의 중요한 저서 『단계적으로: 프랑스 도시주택 프로젝트』에서의 일상의 산책에 있는 도시 이론가 장 프랑수아 어고야에

라 빌레트 공원의 중심지역, 아이젠만의 프로젝트의 처음 시작되는 부분이다.

게는 아무런 참고사례가 없다. 이 책은 프랑스에서 1979년 출판되었다. 그리고 차이라는 주제와 관련하여 데리다의 『그라마톨로지에 관하여』를 참조하고 있다(Augoyard, 2007, p. 105). 어고야의 저서는 개인과 그룹의 산책행위가 작은 차이들과 차별로 인식되며 그들의 내러티브를 통해 관련표현과 전유를 포함시키고 우리가 언어에 대해서 이야기할 수 있는 정도로 산책을 다루는 일상적인 산책행위에 관한 것이다. 그런데 그것은 마스터플랜을 작업하는 사람이나 건축가의 이상화된 모델과는 거의 적합하지 않다. 산책은 일종의 텍스트적 생산물이다. 이러한 종류의 공간의 실제 거주자들과 사용자들에 대한 미시적 연구는 아이젠만의 디자인과는 거리가 먼 것으로, 그곳은 사람들이 배제되거나 혹은 지하로 움직이는 등, 추가적 표현으로 등장하는 장소이다. 데리다는 츄미의 작업에 동조하는 에세이에서 라 빌레트 공원과 관련하여 산책을 언급하지는 않는다(Derrida, 1986, p. 331). 그러나 그 주제는 그가 아이젠만과 함께 작업한 프로젝트에서 교묘히 빠져나오고 있다. 어고야의 연구는 차례로 미셸 드 세르토 Michel de Certeau의 『일상생활의 실행The Practice of Everyday Life』의 모티프가 되었다. 그런데 그것은 공간 실행에 대한 부분인 '도시 속에서 걷기'와 데리다에 대한 참고문헌과 '걸어 다니는 수사들'이 포함된 채로 1984년에 영어번역판이 출판되었다(de Certeau, 1984, p. 100).

건축가들과 데리다의 만남은 다르게 조직화되었을 수도 있다. 예를 들어 라 빌레트 공원을 위한 학생계획이 그럴 수 있다. 그것은 하나의 결과물이 아니라 다수의 프로젝트들이 나오는 것이며 버나드 츄미가 만든 맨해튼 스크립트에서 설명되고 있는 일종의 교차적인 매체의 작업인 많은 사람들의 공동 작업이다. 나는 이러한 도시 및 건축이론의 원천을 프랑스 콘텍스트 안에서 알려진 것이고 시기가 앞서는 것이며, 동시대의 데리다의 건축여행으로 이야기될 것이다. 그것들은 데리다의 사유에 더욱 논쟁적으로 대응된다.

건축가들과 데리다의 만남은 다르게 조직화되었을 수도 있다.

『Chora L Works』 프로젝트 이후에 데리다는 츄미의 라 빌레트 공원에 대한 에세이를 썼다. 그는 그 사이트의 건물들은 폴리로서 목적이 없다고 써달라는 츄미의 요구를 수용했다. 그것은 광기와 연결이 되어 있다. 그 에세이는 작품을 긍정적으로 쓰고 있으며 공원의 특징과 츄미가 그것에 관해 쓴 것과 관련되어 있다. 그 과정에서 데리다는 그가 건축에서의 해체로부터 예상했던 것을 명확히 말하고 있다. 그는 건축의 네 가지의 주요 그리드 점을 그린다. 그 각각은 건축의 무언가 해체적으로 다루는 것에 있어서 정해진 것이 없다는 것이다. 달리 말해, 건축에서 너무나도 많이 소문이 난 해체주의는 건축의 네 가지 가정되는 근원들과 싸우지 않는다면 해체로서는 비효율적이라는 것이다. 이 책의 프롤로그에서 참고했던 것처럼, 첫 번째는 가정이라는 건축적 전통에 따를 때 가장 중요한 것이다. 두 번째는 건축의 신성화된 기원에 대한 경의를 포함하고 일련의 주요한 원칙과 질서에 대한 기원에 대한 모던 건축에 있는 향수이다. 세 번째 근원은 건축이 개선과 개량과 인류에 대한 봉사라는 방향으로 향하고 있는 것이다. 네 번째 근원은 순수 예술 즉, 아름다움과 조화와 완결성의 추구의 개념에 집착하는 것이다. 이러한 근원들은 건축에 배타적이지 않다. 그러나 건축은 그것의 기념비적인 물질성과 건물이라는 영속성과 이러한 문화적 근원이 보존되고 전이되고 파괴에 저항하는 것을 통하여 그들에게 가장 명확하고 구체적인 표현을 주고 있다. 데리다에게 있어서 이러한 구체적인 요인들은 '건축을 형이상학의 마지막 요새' 로서 묘사하는 것을 돕고 있다. 만약 그것이 이러한 저항과 이동을 고려하지 않는다면 결과로 일어나는 해체는 무시할 수 있을 것이다(Derrida, 1986, p. 328). 처음에는 라 빌레트 공원에 있는 츄미의 폴리가 의미를 불안정화 시키는데 성공한 것처럼 보인다. 그것들은 이러한 구성의 건축물에 문제를 제기하고 단절시키고 불안정화시키거나 해체한다. 그리고 거기에는 이러한 움직임에는 광기가 있다. 그러나 그 폴리들은 단순하게

'건축을 유지하고 새롭게 하고 다시 새긴다' (Derrida, 1986, p. 328). 그것들은 '결코 무정부의적인 혼돈이 아니다' (Derrida, 1986, p. 329). 해체주의와 관련하여 그 공원이 제공하는 가장 최상의 미덕은 이어서 나오게 될 건축에 대한 기대이다. 빨간색의 폴리들은 주사위와 같다. 그리고 그 주사위는 던져졌다.

Chapter 5

타자의 공간들 Other Spaces

한편, 건축은 재료들의 조합의 전문가들에 의해 공간의 구성을 다룬다. 르 꼬르뷔제에게 있어서 그러한 기능적 조합은 '빛 가운데 결합된 대가와 같이 정확하고 장대한 매스들의 유희' 이다(Corbusier, 1931, p. 29). 건축가들은 공간을 규정하고 배열하고 구축한다. 다른 한편, 건축가들에게는 덜 흥미로운 구체적인 물질과 구축 가능한 것 바깥에 놓여있는 공간이 있는 것처럼 보인다. 전산화의 도래는 건축가들을 그러한 '타자의 공간' 을 인식하도록 만들고 있다. 1990년대의 사이버스페이스에 대한 열기는 많은 방식에서 우리가 보통 거주하는 공간의 속성을 보여주는 완전히 무질서한 환경에 대한 판타지에 불을 붙였다. 그러나 그것은 컴퓨터 저장장치와 네트워크상에서 단지 데이터로만 존재한다. 『테크노로맨티시즘 Technoromanticism(1999)』라는 책에서 나는 디지털 네트워크들이 인류가 대규모로 감정을 나누는 모든 것, 정보, 지식, 시간, 공간, 그리고 정체성의 용해물이라는 새로운 그릇에 몰두하게 되는 새로운 미래를 예고하는 많은 열정적 사람들에 의해 발전된 사이버스페이스와 고찰을 촉발시켰던 유산을 연구했다. 그 책에서 나는 이 사이버스페이스의 꿈(혹은 악몽)이 플라톤적인 이상주의를 암시하는 것이거나 적어도 그것이 후기 산업시대와 고도로 기술화된 신 낭만주의적 이상주의를 표현하는 것이라고 주장했다. 사이버스페이스는 건축에 있어서 비물질적인 것을 창조하고 이해하려는 시도이다.

타자의 공간이라는 주제에서, 플라톤에 대한 데리다의 해석을 살펴보기 이전에 그러한 공간들, 세계, 혹은 영역, 즉 돌, 금속, 유리, 나무와 사이버스페이스 담론들을 촉발시키는 것들을 포함하는 것들로 구축되는 것들의 외부 공간들을 살펴볼 만한 가치가 있다. 이상적인 모델은 '타자'의 공간에 대한 가장 일관적인 초기의 이해를 제공하고 있다. 『티마이오스』 Timaeus와 『공화국』에서 플라톤은 이데아에 의해 점유된 세계에 대해 묘사한다(Plato, 1941, 1965). 이러한 이데아들은 변화하지 않는 항구적인 세계이며, 완벽한 구, 삼각형 그리고 다른 형태들이지만 또한 완벽한 선, 정의 미덕 그리고 지능을 말하는 것이다. 우리는 이러한 이데아들을 볼 수 없다. 그러나 그들의 존재를 이성을 통해 이해하고 있다. 여러 가지 종교적 전통에 의해서 이러한 시간을 초월한 영역은 신성과 영과 영혼의 안식처이다. 플라톤이 언급하는 두 번째 영역은 감각에 의해 지각되는 우리 주변을 둘러싼 세계이다. 그것은 이데아의 세계의 타락한 카피(모사본)이다. 여기에서 삼각형들이 완벽하게 형성된 것이 아니다. 지도자들은 불완전한 법을 만들며 가장 아름다운 것도 결점이 있을 수 있다. 이데아 세계는 지식인들을 통해 가장 잘 이해되는 것처럼 지적인 것으로 언급된다. 우리를 둘러싼 세계는 시각과 청각, 촉각, 기타 등등을 통해 가장 잘 이해되는 것처럼, 가지적인 것이다.

가지적인 것보다 지성적인 것의 영역이 일정부분 '좀 더 실재적'이라는 플라톤의 특성은 가상의 양극성이 뒤바뀌는 초기의 사례이다. 플라톤은 보이는 것과 보이지 않는 것 사이의 관계의 상식적 이해가 전도되는 것을 보여준다. 그리스 문학에서 호머가 모호하고 영속적인 세계와 같은 곳과 같은 정신의 구체적이지 않은 세계를 암시함에 반해, 플라톤은 우리가 일상의 세계에서 인식하고 있는 것보다 더욱 실제적인 것으로 그러한 타자의 공간들을 묘사한다. 이러한 뒤바뀜을 묘사하는데 있어서 한나 아렌트 Hannah Arendt는 플라톤의 설명을 다음과 같이 말하고 있다. '영혼은 육체의 그림자가 아니라 육체는 영혼의 그림자이다' (Arendt, 1958, p. 292). 이 설명에 의해서, 플라톤은 그 당시 급진적인 제안을 했던 것이다.

그의 책 『공화국』에서 플라톤은 그의 두 개의 영역을 이해하는 것을 동굴이라는 공간적 은유로 묘사한다(Plato, 1941). 우리는 동굴에 갇힌 죄수와 같다. 이 죄수들은 흔들리는 불빛에 반사되어 나타나는 그림자로서 바깥 세계의 현실을 이해한다. 지각적인 것과 감각적인 것 사이의 관계에 대해서 플라톤이 설명하기 위해 사용하는 또 다른 은유는 흔적 imprint의 개념이다. 가지적인 영역에 거주하는 완벽한 형태는 왕의 반지가 진흙이나 밀랍 위에 새겨지는 훈장과 같이 감각계의 물질성 위에 새겨진다. 그래서 우리가 우리 주위에서 보는 것은 세계 속에 계획되고 주입되고, 각인된 너무나도 많은 인상들이 있다. 이렇게 새겨지는 과정은 건축의 물리적인 기하학에 적용되는데 그것은 신적인 기하학의 단순한 모사(카피)이다. 사회적, 정치적 그리고 일상적인 커뮤니티와 개인의 행위는 많건 적건 간에, 또한 완벽한 선함과 미덕과 지혜의 흔적을 낳는다.

그렇게 가지계와 감각계로 나눠지는 세계에 대한 플라톤적인 개념은 역사를 통해 옹호자와 비판자들과 함께 되풀이되고 있다. 플라톤주의에 대한 이러한 양상에 대해서 부인하는 많은 것들이 그의 제자였던 아리스토텔레스에 집중되는데, 그는 종종 더욱 실용적이고 경험적인 관점의 세계와 인간의 이해를 옹호하는 입장에 서있다(Aristotle, 1976). 인간의 도덕과 윤리의 영역에서는, 시민들이 연결되어야만 하는 더 높은 주의에 의거한 지혜가 있다. 그것은 달리 말해 소피아 sophia인데 그러나 중요한 미덕은 경험과 실행적인 적용을 통해서 습득되는 지식인, 실천지[實踐知] phronesis이다. 플라톤과는 대조적으로 아리스토텔레스의 철학에는 실험과 관측에 대한 강조가 있고 이상적인 추상을 통해서라기보다는 그 자체를 재현하는 것으로서의 세계를 관측하는 경험과학에 대한 상상속의 영감을 제공하는 세속적인 실제가 있다. 20세기의 실용주의 또한 그 자체를 아리스토텔레스를 거슬러 참고한다. 아리스토텔레스에게 있어서 시민들의 가정은 사회에 대한 모델을 제공한다. 그것은 그들의 부동산 관리에 있어서 세대주들 사이의 실용적인 관계이다. 플라톤에게 빚을 지고 있지만, 아리스토텔레스의 철학은 일상적인 것과 실용적인 것을 강조한다.

견고함과 편리함, 그리고 기쁨이라는 건축의 기초가 되는 비트루비우스의 설명은 비슷하게 신적인 기하학보다는 실용성에 대해 더 많은 것을 말해 주고 있다(Vitruvius, 1960). 비트루비우스는 아우구스투스 황제시기에 건축에 대한 열렬한 옹호의 글을 썼다. 그리고 로마의 철학과 어울리게 스토아학파보다 덜 플라톤적이거나 아리스토텔레스적이었다(McEwen, 2003). 스토아학파는 강력한 철학적 사회운동이었다. 그것은 플라톤이나 아리스토텔레스와 같은 문자 그대로의 천재성은 부족했다. 그러나 모던 경제학의 창시자인 아담 스미스와 같은 지식인에게 영향을 주면서, 인간 사유의 발전에 있어서 강력한 저류(底流)로서 나타난다(Smith, 1984). 스미스는 모든 것이 상호 연결되어 있고 선이 전체의 작용으로부터 나온다는 것으로서 사회가 완전 자유경쟁시장에서 어떤 개인에게 닥칠 수 있는 불평등을 받아들여야만 한다는 도덕적 규범을 강조했다. 질 들뢰즈가 세계 시스템에서 상호 연결과 균열, 그리고 분열의 설명을 위해 생물학적 지질학적 은유의 설명을 풍부하게 사용한 것은 대개 스토아학파로부터 영향을 받은 것이다(Deleuze and Guattari, 1988, Sellars, 1999). 스토아학파는 전적으로 물질적 세계관을 제시했다. 신의 개념 중 어떤 것도 모든 사물들의 합계로 연결되는데, 그것은 궁극적으로 상호 연결된다. 초월적으로 다른 것은 단순히 모든 것의 통일성인, 모든 것의 총체이다. 스토이즘은 또한 낭만적이고 대중 영합적 populist 문학과 영화에서 표현을 찾는다. 상호연결된 살아있는 생물과 다른 네오-원초적주의자적인 신화 자체의 기술화된 개념이 있는 제임스 카메론의 실감나는 3D 영화 아바타(2009)를 생각해보라.

유토피아는 또한 디스토피아와 판타지 공간뿐만 아니라 타자의 공간들의 유형학에서 주로 등장한다. 이들 각각의 공간은 문화이론과 관련된다(Jameson, 2005). '타자의 공간' 의 담론은 흥미로운 대립적인 범위를 드러낸다. 비물질화된 것과 물질, 가지계와 감각계, 전체와 부분, 유토피아와 디스토피아, 실제와 가상, 실제와 더욱 실제적인 것과 같은 주제들이다.

우리가 이전 챕터에서 본 것과 같이, 『티마이오스』에서 플라톤은 더 발전한 '타자의 공간'을 보여준다. 이것은 코라인데, 그것은 데리다가 언급하는 주제이다. 플라톤은 이러한 제 삼의 영역을 다음과 같이 언급하고 있다.

> 우리는 우리가 이전에 했던 것보다 더욱 완전하게 세분화시킴으로써 세계에 대해 새롭게 묘사해야만 한다. 다음으로 우리는 두 가지 형태의 현실을 구분했다. 우리는 3분의 1을 덧붙여야 한다. 두 가지는 초기단계에서는 충분했다. 그 단계에서 우리는 지각적인 것과 변하지 않는 모델을 가정했으며 다른 한편으로는 볼 수 있고 변화하는 모사에 대해서 가정했다. 우리는 두 가지만 있으면 충분하다고 생각하고 3분의 1의 형태는 규정하지 않았다. 그러나 이제, 그 논쟁은 우리를 말로 어렵고 불명료한 형태를 기술하도록 강요한다. 그것의 힘과 본성을 우리는 어떻게 가정해야만 할 것인가? 일반적인 관점에서, 그것은 그 자체로 피난처(그릇)이고, 모든 존재와 변화의 보호소이다.
>
> (Plato, 1965, p. 67, §16)

왜 플라톤은 『티마이오스』에서 이렇게 무언가가 되는 모든 것의 보호소이자 제 삼의 영역인 피난처를 도입한 것일까? 『티마이오스』는 원초적 요소들(흙, 공기, 불, 그리고 물)과 기하학과 인간 심리학과 생리학의 이해에 관한 통합된 이야기에서 시도하는 것인 세계의 기원에 관한 책이다. 플라톤은 그 자신의 두 갈래로 분기된 세계(가지계와 감각계)에 대한 개념에서 나오는 논리적인 비일관성을 확인한다. 형태의 기원은 가지계의 영역에서 행복하게 기초를 두고 있다. 그러나 형태를 받아주는 형태가 없는 물질인 '진흙'은 어디에서 나온 것일까? 추측컨대 그것은 가지적인 것이 어느 정도 불완전하다는 것과 그것이 변화하는 실재를 포함하고 있다는 것을 암시할 수 있듯이, 가지적인 영역으로부터 발산된 것일 수 없다. 사실, 플라톤은 '진흙Clay' 은 필수적인 불변의 요소라고 주장한다. 다른 형태로 변형하는 진흙은 그 자체의 본성은 변화시키지 않는다.

> 진흙은 항상 같은 것이라고 말할 수 있다. 왜냐하면, 그것은 절대로 그 자체의 특성을 변화시키지 않기 때문이며 모든 것을 계속해서 받아들이기 때문이며 그리고 진흙 자체에 들어오는 어떤 물체로 인해 절대로 영원히 영향을 받지 않기 때문이다. 그것은 그 안에 들어오는 사물에 의해서 변화되는 인상이 시간에 따라 다르게 표현되면서 찍혀지는 일종의 중성적인 조형물질이다.
>
> (Plato, 1965, p. 69 § 18)

그래서 무언가가 되는 것과 변화의 양성소인 그릇(용기)은 진흙과 같다. '그것을 내외부로 통과하는 영속적인 실재들의 모사이며 그들이 훌륭하게 취하고 있는 형태는 묘사하기가 어렵다' (Plato, 1965, p. 69, § 18).

플라톤은 이렇게 펼칠 수 있는 그릇에 대한 특성을 설명하기 위해 탄생의 은유를 도입한다. 그 그릇은 어머니이다. 그리고 그것이 받아내는 새겨진 것인 형식적인 가지계의 모델은 아버지이다. 확실히 그릇은 원초적 요소들(흙, 공기, 불, 그리고 물)의 물질과 같이 만들어질 수 없다. '만약 우리가 그것을 보이지 않는 것, 형태가 없는 것, 모든 것을 포함하는 것으로 묘사한다면 틀린 것이 아닐 것이다. 그것은 명료함의 가장 당혹스런 방식으로 소유되어있는 그러나 매우 이해하기 어려운 것이다' (Plato, 1965, p. 70, § 18). 플라톤이 이러한 세 번째 영역에서 사용한 그리스 단어는 수용자 hypodoche(υποδοχη)이며, 번역하는 사람들은 '그릇' 으로 표현한다.

세계의 기원에 대한 그의 설명이 있는 몇몇 페이지의 글에서 플라톤은 이러한 제 삼의 영역을 이름붙이기 위해서 코라(χωρα)라는 용어를 도입한다. 코라는 공통적으로 『티마이오스』의 전통적인 번역에서 '공간' 으로 번역된다(Taylor, 1928, p. 342). 사실, 몇몇 비평가들은 존재의 그릇으로부터 튀어나온 공간의 확장, 세계의 사물을 담는 용기로서 전통적으로 이해되는 것처럼 여기에서 나오는 플라톤의 설명을 공간의 진화를 설명하는 것으로 여긴다(Plato, 1888, p. 45). 코라는 또한 장소와 현장, 사이트, 지역, 지방의 의미를 내포하고 있는 현대 그리스 단어와 같이 일반적으로 사용되는 단어였다.

과학 철학자인 뤽 브리송 Luc Brison과 발터 마이어슈타인 Walter Meierstein은 코라를 공간이 아닌 공간적 매개체로 생각한다. 그것으로부터 감각계가 만들어진다(1995 pp. 22, 23). 그래서 코라는 단순히 공간이 아니라 연대기적으로 그리고 논리적으로 그것에 선행하는 무언가 이다. 코라는 특정한 특성이 있다. 플라톤에 따르면 다음과 같다.

> 영속적이고 해체할 수 없는 공간[코라]은 존재하게 되는 모든 것에 대한 위치를 부여하고 일종의 형식적 합리화에 의해 감정 없이 이해되는 것이고 그래서 - 우리 역시 그것을 일종의 꿈속에서 보고 존재하는 모든 것을 언급하는 것은 어딘가에 존재하는 것이고 어떤 공간[코라]을 점유하는 것이다. 그리고 하늘이나 땅에 어느 곳에서도 존재하지 않는 것은 아무것도 아니다.
>
> (Plato, 1965, 72, § 20)

'형식적 합리화' 를 다른 해석자들은 그들의 후임자의 적법성이 성립될 수 없는 곳에서(Sallis, 1999, p. 120) 시민과 외국인의 결합을 암시하며, '서자의 합리화' 을 집어넣는다(Taylor, 1928, p. 342). 코라는 그것을 이해하기 위해 필요로 하는 추론이 그러한 것처럼 이러한 혼성의 서자의 특성을 가지고 있다.

플라톤은 또한 우주가 탄생했던 일종의 혼돈의 사유를 도입한다. 여기서 그는 요소들이 결합되고 이동되고 자리 잡고 잔류되는 가는 체나 키를 제시하는데 그것은 이전 챕터에서 살펴보았던 아이젠만의 『Chora L Works』에 데리다가 영감을 제공했던 것이다. 여러 가지의 개념들이 코라 주변으로 밀집한다. 그것은 공간, 장소, 혼돈, 모체, 그릇(용기), 탄생, 복잡성, 모순, 잉여와 표현 불가능함 등이다.

플라톤의 우주에서 코라의 정체성은 깔끔하게 대립적인 것 속의 모순이나 문제를 인식하는 데리다의 해체적인 공식에 적합하다. 이 경우에 두 개의 실재와 관련하여 우주의 양극적 구축이 있다. 그것은 가지계(보이지 않는 것)와 감각계(보이는 것)이며 가지계에 명백한 우선권 있고 거기에서 형태가 나온다. 그러나 플라톤의 우선권에 대한 고유함은 역시 무언가 선행하는 개념이다. 즉 원시적 실재로서의 코라이다. 코라에 대한 데리다의 어려운 에세이를 이해하는 한 가지 방법은 이렇게 상상속의 기원에서 감염된 어려움과 문제가 있는 것을 주장하는 논쟁을 좋아하는 것이라고 이해하는 것이다. 코라에 대해 데리다는 다음과 같이 언급한다. '우리는 그것이 이것이거나 저것으로 말할 수 없고 혹은 이것이면서 저것이라고 말할 수 없다고 말할 수 조차도 없다' (1997. p. 15). 데리다에게 있어서 코라의 이러한 역설적인 특성은 다수의 '두 극점 사이의 진동, 흔들림' 을 구축한다(1997, p. 15). 코라는 데리다에게 연구에 몰두할 수 있는 적합한 실체적 대상이었다. 그것은 이렇게 기본적이고 원초적인 실체인 코라가 가짜의 혼성화된 일종의 불법적인 합리화, 즉 동시에 근원의 가능성을 부인하는 근원적인 개념을 세울 필요가 있는 플라톤의 승인과 관련되어 있다. 그것은 일종의 물질로 존재하는 공간의 융합이며, 까다롭고 언어적으로 기초를 두고 있는 논리를 지닌 이해할 수 없는 속성이다.

두말할 나위 없이, 여기서 내가 코라에 대해 설명하고자 하는 것은 데리다가 논쟁적인 콘텍스트를 만들고자 시도한다는 점이다. 그는 독자가 이미 코라의 유산이나 혹은 적어도 『티마이오스』와 친숙하다는 것을 가정하고 에세이에서 그러한 질서를 부여하는 콘텍스트화를 시도한다. 데리다는 건축의 해석자나 공동작업자에게 전혀 양보하지 않는다. 건축가들이 공간의 문제를 인식하는 것은 유익하다. 그러나 데리다는 이러한 정보를 가지고 건축가가 할 수 있을지도 모르는 무언가에 대해 아무런 제안을 하지 않는다. 건축 철학자 앤드류 벤자민은 다음과 같이 진술하고 있다.

> 대화[티마이오스]와 건축 행위에서 코라의 현시와 건축행위 사이의 생산적인 연결의 유일한 가능성은 유추였다면 그 자체[티마이오스]와 건축적 오브제 사이에 존재했을 것이다. 그럼에도 불구하고 이 유추는 작용하지 않고 있다.
>
> (2000, p. 22)

아이젠만과 함께 한 데리다의 프로젝트에서 그 개념은 명백하게 실패했다. 코라의 개념을 건축이라는 본 지점으로 가져오기 위해 더 많은 작업이 필요하다.

선 교차하기

두 개의 극점사이에서의 진동(왕복)이라는 데리다의 다수의 정체성은 철학자 임마누엘 칸트(1724-1804)에 의해 제시된 숭고한 것의 영역으로서 또 다른 '타자의 공간' 의 특성을 생각나게 한다. 숭고한 것은 상상하거나 기술하기 위한 반추하는 관찰자의 수용능력을 벗어나는 것이다. 배열의 정도, 원자의 크기, 순수한 초월, 종결될 것, 본질의 공포, 존재의 그릇(피난처) 등이 그렇다. 칸트에게 있어서 자연의 아름다움에 대한 응답은 조용한 응시이다. 그러나 숭고한 것을 고려하면서 사람은 '감동을 받는다' 칸트에 따르면 다음과 같다. '이러한 감동(특히 그 발단, 시초에서)은 진동으로 비유될 수도 있을 것이다. 즉, 빠르게 엇갈리는 반박과 같은 사물에 대한 매력이 될 수 있다.' 인간의 상상력, 말과 그림은 우리를 숭고한 것의 면에서 타락시킨다. '상상에서 과잉이 되는 것은 .. 마치 심연에서와 같은 것이다' (Kant and Guyer, 2000, p. 141). 숭고한 것의 범주는 고상한 것과 순수한 것뿐만 아니라 말할 수 없는 것과 관련되어 있다. 장 프랑수아 료타르에게 있어서 숭고한 것은 아방가르드 화가들이 '관객들이 그것을 보는 것을 불가능하게 만드는 것' 과 '고통을 유발시킴으로써 기쁘게 하는 것' 것을 가능하게 하는 동기를 부여하고 있다(1986, p. 78). 그것은 예술과 철학의 기능가운데 중요한 것이다. 코라는 그것이 또한 기술하는 것에 저항한다는 점에서 숭고하다.
숭고한 것의 개념은 이어서 문지방의 개념을 생각나게 한다. 라틴어로 문지방 threshold은 limen이다. 단어의 어간은 여러 단어들에서 변형되어 나타난다. 잠재의식은 의식의 문지방 아래에 있는 생각과 연결되어 있다 (Freud, 1991, p. 163). 승화시키는 것은 무의식으로 밀고 나아가는 것이다. 승화는 화학에서 여전히 사용되는 용어로, 용해되지 않고 바로 증기로 바뀌는 고체물질이거나 혹은 증기가 액체 상태를 통하지 않고 바로 고체로 응축되는 것이다. 숭고한 것은 문지방(고체와 액체 그리고 기체 사이)을 약화시키거나 과잉시키는 상태이다. 이러한 숭고함에는 위반과 경계를 넘는 것, 한계에 도달하는 불확정의 상태가 있다. 그것은 또한 심연의 가장자리에서 주저하고 망설이는 것을 내포하고 있다.

데리다는 코라를 (문학적)자기성찰 mise en abyme의 현상과 결합시키는데 그것은 '무한성으로 만들기' 혹은 심연 혹은 간극사이에 서있기를 의미하는 것이고 그것은 두 가지가 평행하게 면해있는 유리 사이에 서서 무한히 후퇴하면서 반사되는 모습을 볼 때 느끼게 되는 효과이다. 자기성찰 mise en abyme은 그림이 그림 안에 등장할 때 혹은 꿈꾸는 사람이 꿈속의 꿈을 만나게 될 때 명백하게 인식할 수 있다. 다른 곳에서 데리다는 역시 텍스트들의 상호 지시성(상호텍스트성)을 설명하기 위한 용어를 사용한다.

코너와 경계는 진입과 빠져나감의 순간을 나타낸다. 코라는 특정한 움직임을 암시한다. 모던 그리스어는 hypodoche(그릇, 용기)를 '리셉션' 혹은 '환영' 이라는 뜻으로 보존하고 있다. 방문자는 리셉션 홀에서 접수되고 항상 같은 루트로 길을 떠난다. 리셉션 장소는 또한 떠남의 장소이다. 우리는 창고에 짐을 맡길 수도 있고 짐을 찾아 떠날 수도 있다. 그 선 위

거울의 방, Aaros Aarhus Kunstmuseum, 덴마크

로 이동하는 것은 복귀를 암시한다. 이렇게 단순한 여행과 복귀의 내러티브 구조는 신화와 스토리텔링, 제례의식과 건축을 통해 되풀이된다. 상상의 여행자는 오가는 반복적인 장면에 얽매여 있는 것이 아니라 그 과정에서 여행자는 변형된다. 에든버러에서 파리로의 여행은 시간을 반복한다. 그러나 각각의 시간에서 파리는 다르게 느껴진다. 왜냐하면 나(여행자)는 에든버러라는 나의 고향의 인상과 이해를 통해 변화되기 때문이다. 그리고 에든버러에 대한 이해는 파리로의 여행에 의해 변화된다. 충분한 여행으로 나는 우리가 방문하는 장소에서 다른 여행자들이 변화되는 것에 영향을 준다. 어떤 경우에도 내 고향이라는 필터를 통해 나는 파리를 이해한다. 사회학자 존 어리 John Urry에 따르면 여행자의 경험은 특별함, 그렇지 않았더라면 세속적이고 일상적이었을 것을 또 다른 장소라는 미덕을 통해 활성화시킨다(1990, p. 13). 자신의 식탁이나 텔레비전에서보다는 상 게르망 Saint-Germain 대로에 있는 카페에서 식사를 할 때 즐거움이 더 크다. 또한 내가 항상 걷는 것 보다는 마레 강변이나 Le Marais 세느강변을 따라 걷는 것이 더 즐겁다.

타자의 공간과의 제례 의식적 만남이 되는 코라의 무언가 이런 변형적인 양상은 건축이론가 알베르토 페레즈 고메즈 Alberto Perez Gomez가 쓴 『코라: 건축적 재현의 공간』이라는 그의 글에서 조명되었다. 플라톤의 『티마이오스』에 대해 논의하는데, 여기에서 코라는 '인간의 창조와 참여의 공간'이고 언어를 초월하여 존재하지만 그럼에도 언어와 문화를 가능하게 만드는 '보이지 않는 토대'이다(Perez-Gomez, 1994, p. 9). 관조(觀照)를 위한 공간과 참여의 공간으로서(Perez-Gomez, 1994, p. 15), 코라의 기능은 극장에서 구체화된다. 그것은 코러스와 안무, 그리고 코라로 알려진 개념의 장소이다. 페레즈 고메즈는 또한 코라를 가정적인 여신인 헤스티아와 인도와 전령의 신인 헤르메스에서 낳은 일종의 서자로 규정한다(Perez-Gomez, 1994, p. 9). 나는 헤르메스가 전령의 신이며 해석과 해석학에 책임이 있다는 것을 첨언하고자 한다. 그는 또한 차이를 혼란시키는 자이자 사기꾼이다(Hyde, 1998). 이러한 해석에 따라 코라는 여행과 제례의식과 모호성의 개념을 포함하고 있다.

문화인류학자 빅터 터너 Victor Turner는 제례의식의 시작에 관하여 혼란과 모호함과 역설의 위치인 통과의례에서 중간적인 단계에 존재하는 상태와 관련되는 것으로 쓰고 있다(Turner, 1967). 그 발단은 변형된 경험으로 회귀한다. 거기에는 교차점이 있는데 그것은 그것으로 빠져들거나 그것으로부터 나오는 것이다. 들어가고 떠나는 것, 여행과 돌아옴, 제례의식의 반복은 타자성과 조우하게 되고 떠나는 것에 존재 자체이자 무언가가 되는 표시와 흔적과 역동적 삶의 변형의 영속화를 나타낸다. 그것은 또한 혼성체와 모호성, 혼돈의 과정이다.

그러나 마치 이러한 제 삼의 영역의 개념이 더 많이 좌절되는 것처럼, 데리다는 코라라는 또 다른 특정한 특성을 재조명하고 있다. 코라는 기호를 떠나는 것이나 공간적인 교환으로부터 무언가 다시 주는 것에 있어서 들어오고 나가는 원칙이 파열되는 것처럼 보인다. 그것은 형태를 취하고 그것들에 자리를 제공한다. 그러나 그렇게 하면서 그것은 그들에 의해 변하지 않은 채로 남아 있다. 만약 코라가 남성의 형태를 받는 여성이라면 그것은 처녀인 채로 남아있게 될 것이다(Derrida, 1997. p. 17). 일단 잘 변하는 진흙이 형태의 각인이 새겨지게 되어도 원점으로 되돌려 또 다시 각인시킬 수 있다. 원래 형태는 흔적도 없이 쉽게 지워진다. 기억이 풍부해진 것, 다층의 켜가 있는 것, 깊게 상징화되고 사이가 충만한 것으로서 코라를 생각하지 않기 위해서 데리다를 면밀히 살펴보면 그것은 그러한 종류의 것이 아니다. 우리 존재의 기질은 이미 이전에 지나버린 것에는 냉담하다. 코라는 '아무것도 제시하지 않는다' (Derrida, 1997, p. 18).

공간과 패러독스

여러 학자들과 특히 데리다에 의해 해석되는 것처럼 코라를 만드는 건축가들은 과연 어떤 사람들인가? 플라톤에 의해 발전된 두 가지의 영역은 가지계와 감각계 사이에서 플라톤이 구분하는 것 그리고 구분하면서 구축된 어떤 철학이나 건축으로, 그것은 구분의 창시자인 플라톤에 따르면, 그것들이 가짜의 서출의 존재, 즉 코라에 의지하는 것처럼 보임에 따라 문제가 있는 것으로 묘사가 되고 있으며 더 심하게는 유효하지 않는 것으로 묘사된다. 건축이론가들이나 역사가들 중 거의 누구도 데리다가 있거나 혹은 없는 플라톤 혹은 그의 영향을 빠뜨리지 않고 있다.

데리다는 그리고 급진적인 흐름과 불확정성의 역할인 회귀의 전통에 도움을 준다. 그것은 플라톤의 글에서 뚜렷하게 남아있다. 플라톤에 앞서, 소크라테스 이전 철학은 역설과 모순의 중심성을 가정했다. 헤라클라이투스에게 있어서, '합쳐진 것은 전체이면서 동시에 전체가 아니다' 로서 그것은 함께 자져온 것이면서 분리된 것이고 곡조이면서 곡조를 벗어난 것이다(Allen, 1985, p. 41). 우리는 배제된 중간의 법칙을 포함하여 아리스토텔레스의 논리에 대한 교리의 후계자들인데, 그 법칙은 그러한 서자성에 도전한다. 동시에 무언가 사례가 되기도 하면서 사례가 아니기도 하며 원인이면서 이유이기도 하다(Allen, 1985, p. 330).

제례의식과 전설의 사례를 종교 철학자 미르시아 엘리아드 Mircea Eliade가 조명했듯이, 현실을 역설적인 작용으로 생각하는 것이 많은 전통에서 등장한다. 그는 특정 의식과 신념이 궁극의 현실과 희생과 영속적 속성과 합리적 이해의 모든 가능성에 도전하는 인류를 다시 생각나게 하는 목적이 있다는 것에 주목하고 있다. 그들은 우리에게 다음과 같이 그러한 현실들이 미스터리나 패러독스로서 파악될 수 있다는 것과 신적 개념이 어느 정도의 질과 미덕으로서 받아들여질 수 없고 선과 악을 초월하여 절대적 자유로서 받아들여진다는 것을 생각나게 한다(Eliade, 1965, p. 82).

유대인 철학자 게숌 숄렘 Gershom Scholem은 중세 유대 전통에서 카발라 Kabbalah의 글과 유사한 특성을 제공한다. 카발라는 '합리성을 초월하는 것' 이고 그들이 단어로 놓는 순간을 역설화되는 신의 양상을 요약했다(Scholem, 1955, p. 225). 엘리아드 Eliade에 의해 개괄되면서 역할의 상징적인 뒤바뀜, 카니발의 장난의 구실로 관습이나 법의 미결정, 주신(酒神)(Bacchus)제(際)의 제례의식은 대립적인 것의 재통합, 동일한 것과 최초의 것으로의 역행을 추구한다. 그러나 그러한 행위들은 또한 '"카오스"에서의 상징적인 회복' 이고 창조 이전의 구별되지 않는 통합된 것이다.

그러한 역설은 또한 말의 무의미한 전통의 표현을 찾는데 그것은 초현실주의가 20세기에서 하나의 무리였던 것이다. 판타지 소설 이론가 마틴 에슬린 Martin Esslin에 따르면, 말의 역설은 물질세계와 그것의 논리의 한계를 확장시키고 초월하기 위해 노력한다. 루이스 캐롤 Lewis Carrol과 후에 제임스 조이스 James Joyce에 의해 발전된 무의미는 '언어의 파괴(무의미를 통해)' 를 시도한다(1961, p. 245, 248).

이론가이자 정신분석가인 자크 라캉은 많은 초현실주의 예술가들에게 강의를 했고 역설과 모순적인 결정에 의해 찢겨진 리얼리티에 대하여 글을 썼다(Zizek, 1989, p. 171). 질 들뢰즈의 펜에서, 그러한 정신분열증과 관련된 작업에서 그렇게 반영된 것이 실제적인 것의 거주에 대해 언급되었다(Deleuze and Guattari, 1977, p. 311). 정신병의 파괴적인(전복적인) 임무는 구축된 구조물과 피라미드식 위계화를 나누는 것과는 대조적으로 증식, 병치, 해체시키는 것이다.

나는 이미 표현 혹은 재현을 허용하지 않는 공간적 경험을 설명하기 위한 수단인 숭고한 것의 개념에 대해서 언급했다. 또한 출몰의 개념에서 발전된 것으로 아이가 되는 것과 신비로운 것을 믿는 것을 생각나게 하는 프로이트에 의해 발전된 개념인, 반복해서 만나게 되는 괴기(怪奇)한 경험이 있다(Freud, 1990; Vidler, 1995). 타자의 공간들의 이러한 유형학에 우리는 기차 칸에서 이동전화를 하고 있을 때와 같이, 푸코가 만든 여기이면서 동시에 여기가 아닌 헤테로토피아를 포함시킬 수 있다(Foucault, 1986). 문화인류학자 마르크 오제 Marc Augé 7)에 의해 개괄된 바와 같이 비장소 non-places가 있다(Augé, 1995). 그 장소는 우리가 우리의 순수함을 증명해야만 하는 장소이다. 그것은 공항의 안전지대, 고속도로 램프와 검문소 등과 같이 표시가 있고 안락하지 않고 전이적인 장소들이다. 이러한 공간적 특성화의 급진적인 점은 우리가 공간 경험상에서 정도를 벗어난 것에 주목할 필요가 있는 것이 아니라, 공간이 코라의 특성에서 그러한 속성으로 기원을 두고 있다는 점이다. 코라는 다른 이름으로 이러한 공간적 구축, 그 모든 것이다(숭고한 것, 기괴한 것, 비장소, 헤테로토피아, 다른 공간 등). 데리다는 이성화되고 이성의 공간화의 중심에서 그러한 공간의 현존을 증명함으로써 이러한 성향이 다른 주변의 모호한 공간의 구축을 하는 저자들에게 도움을 주었다.

7) 역주 : 철학자 마르크 오제는 1935년생으로서 현재 파리 사회과학대학원(EHESS) 인류학 교수로 재직 중이다. 그는 1985~95년 10년 동안 동 대학원의 원장을 역임했다. 오늘날 모든 공간은 인류학적으로 완전히 새로운 공간이며, 우리가 오늘날 현실공간으로 믿는 모든 공간은 가상적이고 미디어에 의해서 매개된 하이퍼매개의 공간으로 정의하고 있다. 이렇듯 우리와 함께하는 공간은 계속해서 변하고 있으며 우리를 새로운 세계로 안내하고 있다.

이러한 공간적 특성화의 급진적인 점은 단지 우리가 공간적 경험에서 정도를 벗어난 것에 주목할 필요가 있는 것뿐만 아니라 공간이 그러한 속성과 그 자체의 기원과 코라의 특성에서 기원을 두고 있다는 점이다.

데리다의 코라에 대한 해석은 건축에 있어서 새로운 은유를 낳고 오래된 것들을 버리고 공간을 개방하면서 여러 가지 다른 전략들과 결합한다. 나는 이러한 전통에 나의 활동적인 태도로 회귀한다. 그리고 리차드 로티를 통해 데리다로 회귀한다. 여기에서의 암시는 데리다의 지적 과정이 그가 도달한 결론보다 더욱 중요하다는 것이다. 거기에 도달하는데 필요로 하는 노동은 댓가이지 목표가 아니다. 코라를 인식하고 정당화하는데 필요한 그 노력은 그것을 재현하는 것보다는 더 소득이 있다. 코라는 지식에 대한 급진적인 적응에 대한 엠블럼적이며, 따라서 건축에 대해 엠블럼적이다. 급진적 사상가로서의 데리다의 위치는 다음 장의 주제이다.

Chapter 6

데리다와 급진적인 실행

그의 에세이 『기록보관소에 대한 열기』에서 데리다는 제도를 기록을 유지할 필요성과 연결시켰다. '모든 기록보관소는 . . . *일단 보존하고자 하는 충동이 있는 제도적*이고 *보수적* 인 측면이 있다' (Derrida and Prenowitz, 1995, p. 12). 정부기관, 병원, 학교, 직능 기관, 건축 조직, 그리고 물론 대학과 같은 기관들은 최고 정점에 있다. 제도는 무언가가 실행되게 하기 위해 존재한다. 그러나 또한 우리가 제도가 전형적으로 사무실－소유자, 관리와 피고용자보다 오래 지속된다는 것을 주목할 때 명백하게 필요성이 있으며 보존하고 보호하기 위해서도 존재한다. 기록의 유지는 제도가 그들 자신을 영속화시키는 주요한 도구가 되고 어떠한 제도의 기능에 결정적으로 중요하다. 건축은 이러한 제도적인 역할에 있어서 공모자이다. 건축이 건물을 짓는 한, 그 행위는 은행, 학교, 병원, 기업 그리고 다른 제도적 구조의 기능을 유지시키고 보존한다. 건축은 또한 제도적인 존재가 있다.

보존하려고 하는 충동은 일종의 보수주의와 동등하며, 보수주의 일상생활에서 이용하면서 많은 의미가 있다. 정치학에서 보주주의는 전통적인 제도와 중요성을 더하고 있고 그것은 일들이 실행되어 왔던 방식과 전통적인 가치대로 회귀하는 것이나 혹은 단순히 변화에 저항하는 것을 포함하고 있다. 건축의 보수적인 시각은 중요성에 있어서 유사하게 좋은 건축을 구성하는 것으로서의 최고의 사례인 건축 규범으로서 보관소를 지키려고 하는 역할을 고취시키려는 것일 수 있다. 그러나 또한 건축이 그 자체의 핵심적인 가치와 권위와 구조와 법칙을 이해하는 것을 보존하고 부흥하고 증진시키는 것일 수도 있다. 보수성향의 합리주의자는 건축이

자연법칙에 따르고 이성이라는 기하학적 원칙에 복종한다고 단언하는 고전주의자와 같을 수 있다(Colquhoun, 1989). 비례라는 고전법칙을 보존하고자 하는 것을 의미한다. 더욱 모던한 외관에서 합리주의자는 기능적인 필요사항(형태는 기능을 따른다)에 의해 건축이 결정된다는 시각을 발전시킬지도 모른다. 즉 그것은 객관성과 과학적 분리와 이성적 방법에의 집착이다.

역사적으로, 낭만주의 작가들은 마치 고전주의에 대한 집착적 지배에 반대하는 것과 같이 그들 자신을 자유로운 영혼이라고 생각했다. 루소는 낭만주의자로서, '부와 의견보다 높은 자유롭고 고결한 것, 모든 외적 환경에서 독립적인 것' 이 되길 추구했다(Rousseau, 2008, Book VIII). 그러나 자유로운 영혼은 보수적인 특성을 제공할 수 있다. 낭만주의자는 보수주의자로서 자유로운 영혼의 모험주의이라는 위장 하에 카리스마 넘치는 보통과 다른 지도자들, 특정 건축 규범 혹은 건축적 창조에 원천의 개념, 천재와 명사의 개념, 핵심적 디자인 지도자들에게서 공통적으로 투자되는 것, 일종의 보수적인 주관성을 구성하는 것에 고착될 수 있다. 에인 랜드 Ayn Rand가 쓴 소설 『마천루 The Fountainhead(1972)』에서 허구의 건축가 하워드 로아크 Howard Roark의 설득력 있는 프레젠테이션은 평범함에 대항하여 투쟁하는 무리에서 벗어난 자유로운 사상가의 자부심을 상징한다. 한편으로 로아크는 일반적인 남자의 권리를 상징하는 반면 다른 한편으로, 그는 고압적인 관료에 의해 제기된 일반적인 취향의 회색성을 회피한다. 랜드 Rand의 영웅은 결국 사회 전체를 초월한 개인적 성취를 보존하고 싶어하는 것이다.

물론, 보수주의는 사회생활의 모든 이면에 흐르고 있다. 대부분의 사람들은 그들이 중요하다고 생각하는 것을 보존하고자 할 것이다. 그러나 모든 유권자들이 알다시피, 경선집회 구호로서 보수운동을 더욱 손쉽게 사용하고자 하는 사람들이 있다. 심지어 데리다는 프랑스 학계에서 철학교육의 자리를 유지하려고 했으며 학계의 엄격함을 유지하고자 하는 정책의 확고한 지지자라는 점과 또한 철학계의 명사로서, 현대의 지성계의 공로자로서 그의 지위를 즐기고 있는 것으로 보였다는 점에서 '보수적인' 사람으로 의심을 불러일으킬 수도 있다. 여러 가지 설명으로 그리고 많은 지성인들의 경력을 유지함으로써, 데리다는 어떠한 영역에서 그의 작업이 주도했던 세상의 이목과 권위의 자리를 즐겼다. 그러나 그의 철학은 카리스마 넘치는 지도력이 있는 철학이 아니다. 데리다의 사유는 어떤 종류의 지적 보수주의와도 화해하기 어렵다. 특히 그가 정통파적인 구분과 우선권과 근원과 근본, 기원 그리고 다른 형이상학적 계율의 개념에 단호하게 도전했던 것을 고려한다면 말이다.

데리다의 사유는 어떤 종류의 지적 보수주의와도 화해하기 어렵다.

보수주의는 또한 전통적으로 자유주의와 대비된다. 그것은 표면적으로 변화, 실험, 도전 그리고 몇몇 엘리트 그룹으로부터 적절하고 옳은 행동이라고 간주되는 것의 위계와 규범에 의존하는 것에서 거리두기를 위한 자발성과 실행방법이다. 전통적으로 자유주의는 사람들이 그들 자신의 선함을 발전시키는데 개인들이 그들의 것의 다른 사람들의 것을 침범하지 않는 한에서는 자유로운 사회적 합의를 추구한다(Mill, 1991, p. 140). 거기에는 명백하게 자유주의의 큰 목적 뒤에서 옹호하고 선동하는 사람들이 있다. 건축에 있어서, 그러한 진보 자유주의적 성향은 건조 환경 중에 변화를 촉진시키거나 기존의 제도나 가장 권력이 있는 사람들의 이익을 보존해주기로 하는 것보다는 그렇지 않은 사람들을 위해 제공해주는데 초점을 맞추는 넓은 범위의 이익관계자들, 자기비평가과 상담하면서 클라이언트들은 물론 건물의 사용자들에게 디자인 프로세스를 개방하는 것을 포함할 수도 있다(Hill, 2003).

19세기와 20세기의 칼 마르크스(1818-1883)의 사유와 정치적 개혁자들은 특정 부류의 자유주의를 대표한다. 마르크시즘은 지배하는 부르주아 계급에 속해있는 땅과 건물들과 기계와 그것들을 지탱하기 위한 재정적 잉여물에 대한 투자 즉, 산업자본이 있는 사람들로서의 보수주의를 특성화하면서 그 자체를 사회의 보수적인 요소들과 싸움을 붙인다. 전통적인 마르크시즘은 계급들 간 투쟁이 최고점에서 일반 노동계층의 민중의 행동으로 자본주의를 전복시키는 것을 목적으로 한다. 그것은 '잔인한 모순, 육체에 대항한 육체의 충격' 이다(Marx, 1977, p. 215). 마르크스의 사유는 비판 이론이라고 알려진 지적 운동에서 발전되었다(Feenberg, 2002). 그것은 사회개선에 대한 요구를 지향하는 영속적인 회의주의를 드러낸다. 비판 이론가들은 계속해서 어쩔 수 없이 통치 엘리트를 선호하고 계급 시스템을 보존하고 널리 전파되면서 치명적인 자본주의의 마수를 폭로하는 것을 추구한다. 사실, 비판이론가들은 자유주의 자체를 다원적이고 중립적인 것으로 비판한다. 핵심적인 비판 이론가들은 또한 유럽 지성그룹인 프랑크푸르트학파에 속하는데, 이들은 1930년대에 독일에서 뉴욕으로 망명했고 그 운동은 테오도르 아도르노(Adorno, 1991), 발터 벤야민(Benjamin, 1992) 그리고 허버트 마르쿠제(Marcuse, 1991)의 글에서 잘 표현되어 있다. 마르크스와 프로이트적인 정신분석학 이론과 구조주의 그리고 그들의 유산에서 영향을 받은 그룹은 건축이론과 스튜디오 실무에서 여전히 뚜렷이 나타나고 있다.

만프레도 타푸리는 건축의 비판적 위치에서 가장 뛰어난 분석가였다(Tafuri, 1996). 비판적 이론가들의 사유는 그것을 생각한 많은 사람들이 공산당 멤버였고 1960년대와 1970년대 파리에서 주도적인 지적 세력이었다. 그들의 지성그룹에 어쩔 수 없이 속해 있기는 했지만 데리다는 결국 이러한 그룹과 일정정도 거리를 두었다. 그것은 그의 경력 초기에 프랑스 정신계의 생활에 미온적인 동화정책과 데리다의 작업이 사회개혁 혹은 정치개혁에 거의 추진력을 주지 못했다는 몇몇 사람들의 비판을 부분적으로 설명해주는 것이다(Mikics, 2010, p. 156, 213). 그는 그러한 비판을 1990년대 수정하고자 했다. 데리다가 비록 비판적 이론가들 사이에 있지 않았더라도, 그를 자유주의적인 지성계의 삶에 위치시키는 것이 바람직할 것이다.

데리다가 비록 비판적 이론가들 사이에 있지 않았더라도, 그를 자유주의적인 지성계의 삶에 위치시키는 것이 바람직할 것이다.

우리가 위에서 살펴보았듯이, 데리다가 이끌었던 유산은 사실 후설과 하이데거를 거치면서 흘러나온 현상학적인 것이었다. 데리다는 그들을 선도했던 후견자 중 한명인 한스 게오르그 가다머(1900-2002)와 결별했지만, 이들과 완벽하게 관련이 되어왔다고 말할 수 있으며, 심지어 스스로가 호의적인 비평가였다(Gadamer, 1975). 여기에서 현상학이 무엇을 상징하고 있는가를 요약하는 부분에는 여지가 충분치 않다. 적어도 가다머에 의해 제시된 것처럼 우리의 목적들을 위해 그것은 자유주의적 스펙트럼에서 '중도적인' 위치를 표명한다(Gallagher, 1992). 그것은 또한 비평 이론가들에 의해 취해진 것들보다 개혁하거나 혁명을 일으키는 정치적 자극에 동기를 덜 받았던 개인과 커뮤니티를 신뢰하는, 더욱 낙관적인 입장이었다. 그것은 오히려 이해하고자 시도한다. 그리고 우리가 이해하는 방식을 이해하고자 한다. 이러한 중도적 태도는 행하고 만들어내는 예술에 초점을 맞추고 있다. 오브제나 텍스트를 단순히 만드는 것이 아니라, 실무와 커뮤니티를 구축하고, 철학속의 논쟁들로부터 나온 것을 지지한다. 특히 그러한 태도는 무엇이 진실인지 우리가 알게 되는 방법의 주제에 대해서 집중하고 있다. 그 방법은 지식이론, 현상학, 혹은 더욱 특정하게는 해석과 같은 것이다. 나는 이렇게 실무를 담당하는 커뮤니티들과 영향의 확산에 대해서 챕터 1에서 암시했다. 이러한 중도적인 현상학적 위치는 실용주의와의 준비된 접점을 발견하게 되는데, 나는 또한 그것을 프롤로그에서 언급했다.

그래서 이러한 지적 풍경 landscape에서의 대강의 지도는 여러 가지의 지역이 있는 사유의 지형 terrain을 제시한다. 보수의 극단은 기준과 지식과 가치를 발견하고 보호하고 보존하고자 하는 필요성에 이끌린다. 이러한 지역은 법칙과 질서, 객관성 그리고 과학적 방법의 엄격함에 해당되는 이성의 모델에 복종하는 합리주의자들과 개인성과 천재성 그리고 상상의 힘을 강조하는 낭만주의자들 모두에 해당될 수 있다. 그러한 풍경은 낭만주의자들이 이끈 방식에 의해 더욱 복잡해지며, 그중 루소는 19세기의 사회 개혁론자들과 자유주의자들에게 선도적인 인물이었다. 결국 루소의 철학은 프랑스 대혁명을 지지하는 것으로 기록되었다. 그러한 자유주의적인 영향 가운데 사회주의자, 정치적 개혁론자들과 마르크스와 이후 19세기 비평이론가들이 있다. 중도주의자들은 개혁에 자극을 덜 받았다. 이러한 시각은 이후 섹션에서 해석의 본질을 고려할 때 더욱 명확하게 될 것이다.

그래서 이 챕터에서 나의 목적은 이러한 다양한 20세기의 철학적 입장들과 관련되어 있는 데리다의 사유를 특히 데리다를 '급진적인' 것으로 불러들여 위치시키는 것이다. 급진적이라는 용어는 철학가 존 카푸토 John Caputo로부터 나온 것이다(Caputo, 1987). 확실히 데리다의 사유는 여러 가지의 보수적인 입장과 비교했을 때 급진적이다. 그것은 순차적으로 제도의 역할에 대한 데리다의 시각을 반영하며 건축의 제도에 대한 암시를 또한 반영한다.

해석

언어의 풍경과 텍스트들의 이해에서 그것이 넓게 모습을 드러냄에 따라, 우리는 여기서 해석에 초점을 맞출 것이다. 이러한 담론은 그 초점을 현상학으로부터 가져오는데, 그것은 결국 모든 것이 구조주의자의 문제를 일으키는 기표와 기의 사이의 논의와는 거의 관련이 없다. 현상학자 마틴 하이데거는 사인을 단순히 도구로 생각했다(1962, p. 108). 그리고 이후에 그는 그의 언어에 대한 담론을 '존재의 집' 으로서 구축한다(1971). 해석은 우리가 세계 속에서 인간존재로서 여겨지는 핵심으로 인도한다. 우리는 어떻게 세상을 해석할 것인가? 해석은 건축에 있어서 확실히 중요한 것이다. 건축가들은 클라이언트의 서류, 요구사항, 법규, 도면 그리고 사이트 등을 해석하고 해석으로 간주될 수 있는 대응책을 만들어낸다. 이러한 아이템들은 특정한 조건들의 해석 그 자체이다. 건물 디자인은 논쟁적으로 일련의 요구사항들과 필요와 사회, 물리적 조건들에 대한 해석이다. 건물들은 또한 해석되고 비평받는 자리에 있다. 나는 아드리안 스노그래스 Adrian Snodgrass와 공동 저술한 책(『건축에서의 해석 Interpretation in Architecture』)속에 있는 건축의 해석이라는 주제를 발전시켜 나갈 것이다(Snodgrass and Coyne, 2006). 거기에서 우리는 해석과 해석으로서의 디자인의 편재(遍在)를 설명했었다.

건축분야와 관련되기 이전에 데리다는 해석과 관련된 이슈로 논쟁해왔다. 혹은 적어도 그는 도처에 편재하는 인간 활동으로서 해석의 일류 선도자 중 한 사람인, 한스 게오르그 가다머 Hans-Georg Gadamer와 함께 논쟁에 몰두했다(Gadamer, 1975). 해석연구를 위해 공통적으로 사용된 단어가 바로 '해석학' 이다. 그가 하이데거와 현상학과 연계되어 있었지만, 가다머는 '중도적인 해석학' 의 선도자로서 일부 학자들에게 인정받았다(Gallagher, 1992). 가다머의 이론은 기본적으로 책을 읽고 이해하려고 하는 것과 예술작업을 이해하거나 혹은 한편의 음악을 평가하는 것과 같이 무언가 해석적인 상황에서 기대되고 생각나며 도달하는 것이다. 우리의 개인적인 역사와 커뮤니티와 이전의 경험의 가치들과 개념이 있는 약속으로부터 도출된 이러한 기대와 투영이 없이는 우리는 아무것도 해석할 수 없을 것이다. 건축의 해석자로서, 새로운 건물과 내가 처음 만나면서 나는 특정한 경험을 예상한다. 어쩔 수 없이 나의 기대는 거의 이루어지지 않았고 그래서 나는 만남의 관점에서 나의 기대를 조정해야만 했다. 이러한 조정은 이리 저리로 움직임을 게임과 어떤 해석적인 상황 속에서의 유희를 구성한다. 적어도 이것은 열려져 있고 자유롭고 연계되어 있는 해석이다. 어떠한 해석적 만남에 있어서도, 나, 관찰자 혹은 참여자는 변형된다. 나의 경험의 지평선은 변화한다. 그래서 나는 아마도 새로운 기대와 함께 나의 다음 해석적 만남에 이르게 될 것이다. 해석은 또한 개인적인 변형, 배움, 교육, 계몽 등의 과정이다. 나는 이전 챕터에서 문지방의 콘텍스트에서의 이러한 과정에 대해서 언급한 적이 있다. 해석자와 여행자(혹은 순례자)의 역할은 합쳐진다. 해석은 텍스트 속에서의 여행과 변형된 회귀를 포함하고 있다.

사실, 여태까지 우리가 데리다를 위치시키려고 했던 지적 성운(星運)이나 지형에 주었던 특성화는 대개 샤운 갈라퍼 Shaun Gallagher의 해석 이론의 영역의 빈틈없는 묘사로부터 도출된 것이다(Gallagher, 1992). 갈라퍼에게는 네 가지 지적 영역이 있다. 보수적인 것, 비판적인 것, 중도적인 것, 급진적인 것이 그것이다. 그것은 내가 이전 부분에서 다루었던 것이다. 이것들은 해석에 있어서 네 가지 위치에 느슨하게 대응한다. 가다머의 중도적 해석학은 더욱 보수적인 시각과 대조를 이루는데, 그것은 문학과 예술과 건축의 목적이 의미를 보존하고 전하는 것이다(Betti, 1990). 그래서 보수주의에 따르면, 해석은 정말로 폭로하고 어느 정도 고정되어 있는 진실을 찾는 것을 포함한다. 예술의 경우 그것은 처음에 작업을 창조함에 있어서 전형적으로 예술가들과 저자의 의도에 대한 요구사항들을 포함시킬 수 있다. 예술작업의 해석문제에 있어서 최후의 중재자는 예술가가 작업에 의해 의미했던 것으로, 그것은 역사적으로 유명한 작업의 경우에 이러한 저작자의 의도를 폭로하기 위해 비교하고 이동시키는 증거와 물론 그러한 의도들의 증거를 논쟁하는 것을 포함하고 있다. 그러한 시각은 또한 르네 데카르트에 의해 윤곽이 나타난 이성의 원칙을 발전시킬 수 있으며, 그것은 확고한 마음으로, 즉 편견 없이 철학적 문제(혹은 해석적 상황)에 접근하는 것이 필요하다는 것이다(Decartes,

1968). 이러한 보수적인 접근방식은 텍스트와 예술작업, 구축과 관찰자 혹은 사물에 관계되는 정수와 보는 상황과는 독립적인 거기에 폭로되는 기초에 접근하는 것 사이에 접촉의 즉시성의 가능성을 제시하고 있다.

가다머는 그러한 보수적인 해석학과 대립하고 있다. 그러한 본질과 의도는 파악하기 어렵기로 악명이 높다. 어떠한 경우에도, 예술작업은 그것이 오늘날 우리에게 의미하고자 하는 것을 의미한다. 그리고 그것을 받아들이는 콘텍스트 속에서 의미하는 것을 의미한다. 해석적 커뮤니티 안에서 작동하는 해석자들에 의해 요구되는 것이 부족하기 때문에, 작업이 의미하는 것에 대해서는 최종적 권위가 전혀 없다. 좌담가 커뮤니티를 통해 해석적 과정과 그것의 끌어내기, 유도는 절대 끝이 나지 않는다. 개인들과 커뮤니티들은 새로운 해석과 그들이 믿는 것을 새로운 분위기로 정당화시키는 것을 발전시키면서 계속해서 그들 자신의 그리고 각각의 해석들을 재해석하고 도전한다. 커뮤니티 역시 그들의 범위를 융합시키

그라피티 전시, 까르티에 재단, pour l'Art Contemproain. 건축가: 장 누벨, 파리

는 것처럼, 엘리트 예술의 설립의 가치가 서민생활에 통한 엘리트를 낳기 위한 거리 문화와 만날 때처럼 상호 반응한다. 그라피티 예술가들, 유튜브의 창조적 인사들, 플래시몹 주동자 등이 그들이다. 커뮤니티들은 많은 형태들을 취한다. 대화를 나누고 있는 두 명의 사람들, 학벌 친구, 사회 네트워크, 당파, 예술 운동, 정치 집단, 특수 이익집단, 무역 그리고 직능에 있어서 영국왕립건축가협회(RIBA)와 스코틀랜드 왕립건축회사(RIAS), 호주왕립건축가협회(RAIA)와 물론 건축학교와 같은 형식화된 직업 커뮤니티 등이 그렇다.

급진적 해석학

급진적인 많은 것이 본질적으로 완전히 다른 집단과의 해석적 만남에서부터 나올 수도 있지만, 데리다는 네 번째 지적 관점을 형성시키기 위해 이러한 중도적 위치에서 벗어나고 있으며, 그것을 철학자 존 카푸토는 '급진적 해석학' 이라고 간주한다.

데리다와 가다머는 그들의 차이를 일련의 논쟁에서 분명히 이야기했다(Michelfelder and Palmer, 1989). 해석적 커뮤니티에 대한 아이디어는 작업하는 해석에 있어서 참가자들 가운데 선의에 너무 많이 의존하고 데리다에게는 너무나 신중하다. 그리고 그러한 쾌활함이 항상 가정될 수는 없다. 더 나아가 해석자들은 기대에 의해 이끌리는 것만은 아니다. 중도 해석학적 은유는 항상 누군가 자신을 향하여 투사하는 기대와 맞서고 있다. 데리다는 필연적으로 환경이 우리와 이런 방식으로 맞서고 있는 것은 아니고 원래 그랬던 것처럼 이면에서부터 우리를 놀라게 하는 것이라고 단언한다. 이것은 그의 생애에 관하여 다큐멘터리 영화에서 데리다가 시작하는 제안이다. '나에게 있어서 그것은 실제 미래이다. 그것은 예언할 수 없고 나 없이 오는 타자는 그것을 기다릴 수 있다' (Dick and Ziering Kofman, 2002). 논쟁에서 암시된 것과 같이, 그리고 카푸토가 의미했던 것과 같이, 데리다의 급진적 해석학은 커뮤니티의 작업에서 나타나는 파괴와 우리의 영역의 구조에서 나타는 균열, 놀라움의 요소에 관심을 환기시킨다.

여기에 '비판적 해석학' 과의 유사함이 있다. 네오 마르크시스트의 입장은 해석의 목표에 초점을 맞추고 있다. 노력을 들일 가치가 있는 해석적 상황에서 계급착취, 헤게모니를 폭로하는 어떠한 해석적 작업이 필요하다. 그래서 조사하고 비판하는 것, 즉 해석하는 것, 임대주택 프로젝트에서, 네오 마르크시스트는 자본주의의 우세함과 사람들이 소속되는 것뿐만 아니라 배제되는 수단과 활동중에 있는 도시 정치학 등을 찾으려고 할 수도 있다. 폴 리쾨르에 따르면 이것은 의혹의 해석학이다(1970).

그러나 급진적인 입장은 확실함과 설립된 실무의 분위기를 뒤집고 그들 머릿속에 있는 생각을 뒤집으려고 한다. 챕터 1에서 개괄한 바와 같이, 나는 이러한 사고방식에 있어서 초현실주의자들과 그들의 추종자들을 떠올린다. 건축은 쿱 힘멜브라우 회사의 직원들이 스스로의 디지털 portrait을 뉴타운을 위한 디자인과 츄미의 건축적 제안의 핵심으로서 라 빌레트 공원의 '쓸모없지만' 비싼 폴리들이 전개되는 추동력으로 쓰는 것과 같이 급진적 디자인의 추진력으로서 많은 스튜디오 실험 작품들을 생산해왔다. 우리는 배치된 과정과 그들의 결과물과 수사법과 몇몇 사례에서 그들이 배치하는 실행방법에서 이러한 실험들이 급진적인 것이라고 생각할 수 있다.

이러한 지적 지형 속에서 급진적인 지성주의(주지주의)는 데리다가 만들어낸 배타적인 보존이 아니다. 그것에 우리는 건축에 영향을 주었던 질 들뢰즈 Gilles Deleuze(1925-1995)와 미셸 세르 Michel Serres(1930—)와 다른 사람들과 함께 자크 라캉(1901-1981)을 추가할 수 있다.

이 장 시작부분에서 지적한 바와 같이, 데리다는 그의 에세이 『기록보관소 열병』(Derrida and Prenowitz, 1995)에서 보수주의에 대한 이슈를 언급한다. 혹은 적어도 보존하고자 하는 충동에 대해서 언급하고 있다. 그 에세이는 런던에 있는 프로이트 기록물 보관소에서 행해졌던 강의에서 적용된 것이었다. 프로이트는 물론 기억과 회상과 잃어버린 기억의 회복 현상에 대해서 많은 것을 연구했기 때문에 저장소의 이슈는 데리다에게 프로이트를 암시하는 상호 텍스트적인 결합과 연결의 후원자의 역할을 야기한다. 특히 그들 가운데 기록물 보관소의 개념에 있어서 명백한 모순이 있다. 데리다에게 있어서, 그 기록물 보관소는 '혁명적이고 전통적' 이다(Derrida and Prenowitz, 1995, p. 12).

> 결과: 기록물보관소화시키겠다고 결정함에 있어서, 우리는 파괴에 노출되는 것 외에 다른 방법이 없다. 진실로 기념비의 중심에 아프리오리, 태만, 건축석재를 도입하면서 무엇이 파괴와 함께 위협하는지에 대한 것을 찾을 수 없을 것이다. 그 자체로 '마음속' 그 자체이다. 기록물 보관소는 항상 작동한다. 그리고 아프리오리는 그 자체로 그것에 대항한다.
>
> (Derrida and Prenowitz, 1995, p. 14)

기록물 보관소에서 모순을 인지하는 하나의 열쇠는 우리가 그것들을 기억할 필요가 없게 만들기 위해 사물을 저장한다는 것에 주목하는 것이다. 나는 기억하는 것이 아니라 나에게 망각할 면죄부를 부여하기 위해 무언가를 기록한다. 기억이 되는 내적 행위는 어떤 대체되는 기억의 외적 매개체로 변화된다. 한 논평가가 데리다의 에세이에 대해 설명하는 것처럼, 저장소를 창조하고자 하는 충동은 '지키고자 하는 열정–분고(分庫)에 날인하는 것–과 파괴하고자 하는 열정–날인을 벗겨내려는 것–둘 다이다(Lawlor, 1998, p. 796-798). 쾌락의 원칙과 죽음의 충동에 대한 프로이트의 개념을 묘사하면서, 데리다는 다른 사람들의 이익을 위해 외부에 정보를 노출시키고자 하는 필요와 대조적으로 기록물 저장소가 내적 소비와 개인에 대한 계몽을 위한 욕망을 포함하고 있다고 단언했다. 보존하기 위해서 당신은 실제로 세상 바깥으로 그것을 노출시킴으로써 보존하기를 원하는 무언가를 파괴해야만 한다.

그러나 건축적 고려사항을 가장 잘 상기시키는 것은 또 다시 외면상 비슷할 것 같지 않은 용어와 참고문헌을 함께 연결하면서 데리다의 상호텍스트성의 생산적인 전략으로 교묘하게 복귀시키는 것이다. 그는 이미 텍스트의 영역에 제도에 대한 아이디어를 가져왔다. 문서 더미들과 문서상자들을 제외하고 결국 무엇이 기록물 저장소인가? 그러나 거기에는 건축과 더 많은 연결지점이 있다. 데리다는 다음과 같이 지적한다. '기록보관소' 라는 단어는 기원적으로 고위 관료 관저나 집을 의미하기 위해 그리스어와 라틴어에서 파생된 것이었다. 우리가 챕터 3에서 본 것처럼, 접두사 'arch' 는 'arche' (arkhe)와 또한 연결되는 용어인 거장 master builder인 '건축가' 의 경우에서처럼 사실 권위에 있어서 으뜸가는 것과 관련되어 있다. 이것은 데리다가 텍스트와 제도와 건물들과 관련되는 문제를 일으키고 모순적인 이슈들로서 보수주의를 다루는 방식들 중 하나이다.

'기록보관소' 라는 단어는 기원적으로 고위 관료 관저나 집을
의미하기 위해 그리스어와 라틴어에서 파생된 것이었다.

위에서 조명된 보수적, 중도적, 비판적, 급진적, 지적 사유의 성운으로 되돌아가보자. 제도를 다루는 급진적인 지형은 논쟁적으로 법칙에 대항하여 교리(an-arche 원리)에 의해 지배받아왔다. 제도들을 다루기 위한 급진적인 토대는 'anarchitecture - 무정부적 구축' 으로서 건축을 더 많이 연상시키는 언어적 관계를 보여주면서, 법칙에 대항하는 교리(an-arche)에 의해 논쟁적으로 주도되어 왔다(Evans, 1970). 무정부주의자들은 매우 단순하게 제도를 소멸시켜야 한다고 제안했다. 유명한 무정부주의자

피터 크로페트킨 Peter Kropotkin(1842-1921)은 자유가 19세기에 옛 제도와 오랜 미신들의 폐허와 쓰레기더미로부터 나온 것이라고 주장했다(Kropotkin and Shatz, 1995). 모든 사람들을 위한 평등과 공정성은 국회법에 의해 만들어지는 것이 아니라 즉각적이고 효율적인 소유를 취하는 것으로 만들어진다. 모든 사람들을 위한 평등과 공정함은 의회 법안으로 해낼 수 있는 것이 아니라, 단지 모든 사람들의 복지를 보장할 필요가 있는 즉각적이고 효율적인 소유에 의해 이루어질 수 있을 뿐이다(Kropotkin and Shatz, 1995, p. 23). 그러한 대답이 공산주의 안에 있다. 그러나 그것은 '정부가 없는 공산주의-자유의 공산주의이다. 희망은 상호협정'의 설립과 법의 장소에서 자율 규제하는 수단으로서 목적의 공통성에 달려있다. 데리다는 제도에 대한 그러한 경멸감이 없었다. 그의 제도적 원인중의 하나는 국제철학대학(College international de philosophie, Ciph)이었다. 그 학교를 그는 중등학교에서 철학교육을 유지, 발전시키기 위한 기관으로 1983년 공동으로 설립했다. 데리다는 1980년대 초 코넬 대학의 강연에서 이러한 본질과 다른 기관들에 대해 자세히 기술했다. 여기서 데리다는 대학들이 그들의 역할을 '사유의 커뮤니티들'로서 그들의 역할을 보존해야한다고 제안하면서, 지식을 넘어서는 사유의 중요성에 대해서 옹호하고 있다. 데리다에게 있어서 헤겔과 하이데거에 의해 만들어진 사유의 숭고함을 유지하면서, 사유는 기술이나 과학 혹은 철학에 위축되는 것이 아닌 차원이다(1983, p. 16).

> 이제 이성은 단지 단순한 종류의 사유가 아니다. -그것은 사유가 '비합리적'이라는 것을 의미하지 않는다. 그러한 커뮤니티는 이성의 본질과 이성의 원리의 본질에게 질문을 보낼 것이다. 그것들은 일반적으로 기초적인 것과 가장 중요한 것 급진적인 것, 아르케 arkhe 8)에 대한 가치들이다. 그리고 그것은 모든 가능한 결과를 끌어내려고 시도하는 것이 될 것이다. 그러한 사유가 커뮤니티를 결합시킬 수 있을지는 확실하지 않다. 혹은 전통적인 이러한 단어들의 전통적인 감정에서 제도를 설립할 수 있다. 커뮤니티와 제도의 의해 의미되는 것은 다시 사유되어야

8) 역주 : 아르케: 『철학』 고대 그리스 자연 철학에서 세계의 원리 · 근본 등을 나타내는 말.

> 만 한다. 이러한 사유-끝이 없는 작업-는 또한 명백하게 무관심한 연구가 모든 종류의 프로그램에 의해 그 자체를 간접적으로 재사유하고 재투자하는 것을 찾을 수 있는 방식인 종말을 향하는 이성의 모든 작업들을 폭로해야만 한다.
>
> (Derrida, 1983, p. 16)

데리다는 여기에서 '이중적인 제스처' 를 옹호한다. 한편으로, '직업적 엄격함과 적성' 을 지지하면서 다른 한편으로 우주 밑의 심연에 대해 가장 직접적으로 하는 지하의(실험적인) 사유에서 이론적으로 실무적으로 최대한 빨리 진행한다. '우주는 심연에 저항하는 장벽, 장벽에 저항하는 심연을 다루어야만 한다' (Derrida, 1983, p. 17). 급진주의는 그것이 사회적인 불안과 제도의 파괴를 이끌 수도 있다는 점 때문이 아니라 그것이 규범이 될 수 있다는 점에서 위험하다. 여기에서의 위험은 그러한 급진성이 재사유 되면서 종결된다는 것이다. 즉, 그것이 옳은 방식의 사유로서 제도화 된다는 것이다. 제도를 위한 작업은 이러한 위험을 이해하는 것이다.

> 형이상학, 여기서 내가 '사유' 라고 불러왔던 것은 특정 상황에서 그들 자신의 이익을 찾을 수 있는 사회 정치적 세력들에 의해 재전유 되는 그것의 차례, 전환, 전복 turn에서 위험을 감수한다(그러나 나는 이러한 위험이 피할 수 없는 것이라고 믿는다. -그것은 미래의 위험 그 자체이다).
>
> (Derrida, 1983, p. 17)

존 카푸토는 기관, 제도의 역할에 대한 데리다의 접근방식이 파괴적이지만 비합리적이라는 것을 확언하면서 데리다의 주제에 대해 언급하고 있다(Caputo, 1987, p. 234). 그는 데리다의 통찰들을 '이중적인 제스처' 로 번역한다. 직업적 엄격함과 경쟁력을 그 직업의 근원의 전복과 결합시키는 것이다. 또한 제도는 일이 실행되는 방식이고 그것들은 폭력적이기 쉽다. . . 어떤 것도 순수하지 않다(Caputo, 1987, p. 234). 카푸토에게 있어서 데리다는 '근원과 원칙과 다른 '형이상학적 편견들' 에 호소할 필요성으로부터 그것을 해방시킴으로써 이성을 해방시킨 사람이다. 데리다는 이성을 버리지 않고 그것을 다시 기술하기를 원한다.

데리다는 제도적 생활이 불확정적인 것이 동반된다는 것을 옹호하는 다른 급진적 철학자들의 무리에 속한다. 칼 마르크스(Marx, 1977)가 자본주의와 대립적이지 않았으나 그 안에서 그 자체의 파괴를 그는 보았던 것처럼 들뢰즈와 가타리와 같은 사상가들은 제도가 그 자체의 파괴적인 힘을 포함하고 있다고 보았다. 제도는 시민사회의 필요한 구조로서, 나머지를 지탱하는 주요한 줄기가 있는 수목적인 특성이 있는 그러나 그것들은 또한 설립된 구조들에 기생하는 뿌리와 버섯의 갑작스런 출몰로부터 침입받기 쉽다. 뿌리는 체계를 파괴하기 위해 그 자체 안에서부터 자라난다(Delueze and Gattari, 1988, p. 15). 데리다는 제도가 그 안으로부터 지탱할 필요가 있는 특성인, 그들 자신의 임무수행과 권위에 혼란함을 주기 쉽다는 것을 시인하고 있다.

실천주의와 건축적 실무의 급진주의

데리다의 급진성을 건축에 있어서 우리가 급진적으로 생각할 수 있는 것과 어떻게 같이 동등하게 배치시킬 수 있을 것인가? 마일즈 글렌다이닝 Miles Glendinning의 모더니즘에 대한 비판적 역사에 따르면, 해체주의 건축은 1920년대 표현주의로부터 차용된 것이지만 파괴된 직선들과 꼬이고 얽혀 있는 평평한 면들이 있는 지그재그의 폭발하는 '파편들' 의 무정부주의적인 것이 있다(2010, p. 61). 데리다는 확실히 급진적 형태나 모양의 창조 혹은 전통적인 건축적 요소들의 변형보다는 건축의 제도의 급진적 이해에 기여하고 있다. 건축이 1980년대와 1990년대에 데리다에 몰두하고 있는 방식과 혹은 데리다가 아이젠만과 만난 것에 대하여 제도적으로 급진적인 것은 거의 없는 것처럼 보인다.

1980년대와 1990년대에 데리다에 몰두하고 있는 방식과 혹은 데리다가 아이젠만과 만난 것에 대하여 제도적으로 급진적인 것은 거의 없는 것처럼 보인다.

아나키즘의 변형으로서, 대개 그들 외부로부터 나오는 것이기는 해도, 제도에 급진적인 접근방식의 토대를 요구해왔던 것으로 보이는 것은 바로 실천주의이다. 실천주의는 많은 형태들을 받아들인다. 그러나 국가의 정치구조 외부에서 작동하는 사회 개혁에 전략적인 접근방식으로서 훌륭함을 얻는다. 그것은 항의와 저항과 혁명을 넘어서 있는 것이다. 실천주의자를 위한 안내서 The Activist's Handbook에 따르면, 오늘날의 실천주의자들은 변화를 요구하는 그들의 선거에서 성공하기 위해 전략과 전술을 사용한다(Shaw, 2001, p. 2). 실천주의자들은 그들이 개혁하려고 하는 바로 그 도구들을 전유할 수도 있다. 그러한 전술들은 광고와 매스 미디어와의 관계에서 급격한 교체를 가져온다. 그것은 때때로 '문화 혼잡' 이라고 표현되는 것, 자본주의 자체에 대항하여 상업적 광고 전략을 사용하는 것이다. 주석자와 저널리스트 나오미 클라인 Naomi Klein의 경우가 그러하다. '가장 정교한 문화적 혼란은 독립형의 패러디가 아니라 차단이다.—그것은 메시지를 의도되었던 것과 함께 극명하게 상충되는 것으로 내보내는 대기업 자체의 커뮤니케이션 방법으로 교묘히 침투하는 반대의 메시지들이다. 이것은 타깃이 되는 회사가 침입을 제거시키는 데 돈을 지불하게끔 만드는 과정이다. 다른 말로 하면 그 회사는 '그 자신의 전복(파괴)에 대한 책임을 떠안아야 하는 것이다(Klein, 2005, p. 281). 물론 캠페인을 벌이는 사람들은 또한 전복의 문화로서 작용한다. '거기에는 정말로 그들에게 이야기하는 거리의 주동자에 의한 광고 캠페인에 길들여질 수 없는 폭도가 존재하지 않는다' (Klein, 2005, p. 300). 가장 정교한 것으로서의 실천주의는 온라인 소셜 네트워크와 미디어가 전달하고자 하는 수단방법을 가리지 않고 실천과 의견을 제공하기 위해 '잠재적' 기술과 이벤트, 플래쉬몹 뿐만 아니라 매스 미디어와 뉴스 보도의 수단

실천주의와 무정부주의. G8 거리 시위, 에든버러, 2007

을 배치하여 운동에 대립적인 운동의 소용돌이 속에서 그 자리를 인식한다.

건축은 오랜 기간 동안 그러한 움직임에 참여해 왔었다. 랄프 어스킨 Ralph Erskine(1914-2005)과 다른 인사들이 작업했던 사용자 참여 임대주택 프로젝트를 생각해보라. 『도시 조례 Urban Act』는 도시 행동주의가 어떻게 다른 형태들을 취할 수 있는지를 조절함으로써 주제를 되살아나게 하고 급진화시킨다. 그것은 일상의 생활에서 새겨져 있는 더욱 건설적이고 정책적인 활동으로 향하는 급진적인 반대와 비판으로부터 나온 것이다(PEVRAV, 2008, P. 11). 이 책에서 기술되어 있는 참여적이고 커뮤니티

패러디적인 광고. 광고 포스터, 뮌헨, 독일

중심의 디자인 프로젝트들은 '도시에 새로운 접근방식이 되는 창조성과 임계(臨界)' 를 이야기 하면서 '아카데믹하면서 프로적인 것, 예술적인 것과 정치적인 것 모두에 도전하고자 하고 있다. 이러한 접근방식은 필연적으로 이질적이고 다수의 시점과 작업방식을 반영한다.'

그래서 그러한 급진적인 실무 작품들은 예술가들과 미디어 운동가들, 근린 조직과 소프트웨어 디자이너들과 연계된다. 그러한 연합은 권위적인 역할을 하고 있는 특권적 전문가라기보다는 이질적 팀들에서 건축가들과 도시계획가들 그리고 교육자들을 참여자로 보여줌으로써 직업적 전문기술의 확산을 추구하는 것처럼 보인다.

도시의 행동주의의 고려사항과 전략은 또한 문제에 전 세계적으로 적용 가능한 해결책이라기보다는 특정한 것을 다루고, 보편적인 것보다는 현지적인 것이다. 그러한 그룹화의 강점은 그것들이 고도로 전문화되고 전통적으로 프로의 구조들이 감당할 수 없는 방식(그들의 일반적인 기능에 기인하는)으로 사용되고 실행하면서 재고안되는 특성을 지니고 있다는 점이다. 현지 콘텍스트 속에서 전해주려고 준비되지 않은 전문가의 의견은 세계적이거나 국제적이라기보다는 '일시적이고 현지' 적인 것으로 특성화된다. 그러한 접근 방식은 인구 증가를 '인류의 곤경' 으로 논쟁하면서 선의이지만 1970년대 싱크 탱크인 로마 클럽 the Club of Rome의 설립자들의 과도한 스케일의 시스템 접근 방식이다(Meadows *et al.*, 1972). 현대의 실천주의에서의 강조점은 물론 도시에 관한 것, 구축과 건축이라기보다는 도시에 대한 중재에 관한 것이다. 건물의 디자인과 건설은 행동주의자의 중재에 대한 적절한 결과물을 구성할 수도 혹은 구성하지 않을 수도 있다. 요구사항은 그러한 도시적 실무 작업들은 유연한 직업적이고 예술적 스킬 그리고 시민의 정보 구조에 근거하여 '"전술적" 이고 "상황에 따르고" "활동적인" 것으로, 그것은 그 자체를 진정한 변화를 생산할 수 있을 만큼 충분히 비판적이고 반응적이고 창조적인 변화하는 도시상황에 적용할 수 있다' (PEVRAV, 2008, P. 11).

그러한 프로젝트들은 도심지역에 농장을 세우는 것을 포함할 수 있다. 그것은 커뮤니티 중심과 이벤트들과 공공예술작업, 새로운 도시시설을 창조하기 위해 물질을 재활용시키는 시스템을 창조하는 것이지만, 그것은 가장 흥미로운 과정이고 주변부의 그룹이 다양한 이해관계자들을 끌어들이고 권위적 구조와 상호소통하면서 그들의 환경이 형성되는 방식으로 말할 수 있는 힘을 얻을 수도 있는 방식이다. 이론가이자 시민운동가 브라이언 홈스 Brian Holmes의 말에 따르면 그 분위기는 '전이적인 의회와 제도의 압제적이고 고압적인 질서' 에 대항하는 1960년대의 시위를 만들었던 항의방식 중 하나이다(2008, p. 302). 새롭게 동기가 되는 것은 인터넷 의사소통에 의해 도움을 받은 전복적인 카니발이다. 그래서 카니발은 세계 지도자들의 정상회의와 동일하게 스케줄이 잡히는 급진적인 저항의 사례로서 전 지구적 규모로 '손수 만드는 정치지형' 이 조직화될 수 있다.

그러한 책략의 지적 권위는 푸코, 앙리 르페브르, 들뢰즈와 가타리 뿐만 아니라 잠재적으로 상황주의자들(de Zegher and Wigley, 2001)과 『일상생활의 실천(1984)』이라는 저서를 쓴 사회주의자 미셸 드 세르토 Michel de Certeau의 도시적 실천을 이끌고 있다. 리좀적 중재를 옹호하는 것뿐만 아니라 들뢰즈와 가타리는 보편적인 것에 대항하여 단일의 특정한 것을 옹호한다. 그러한 전술을 텍토닉적인 층위들, 탈주기계, 기관 없는 신체, 기생체, 그리고 정신착란 사이의 불화를 이루고 있는 노마드들의 분열적인 은유를 통해 그러한 전술들을 제시하고 있다(Deleuze and Guattari, 1988; Ballantyne, 2007). 데리다는 그러한 인용 리스트들의 주변에서 유일한 증거이다. 그러나 제도와 언어에 대한 그의 접근방식은 도시 실천주의에 직접적으로 관련을 맺고 있다. 그리고 내가 이전 챕터에서 문제를 제기한 것과 같이, 우리는 라 빌레트 공원 삽입 프로젝트와 건축에서 해체주의의 명성에 무엇이 일어났던가와 실천주의에 기울어진 채 데리다가 건축가들과 팀을 이루어진 것에 대해 궁금해 할 수 있을 뿐이다.

도시 실천주의가 반대의 어떤 특권이 있는 반대와 위계를 추구하는 한, 그것은 언어적인 게임과 관련이 있다. 따라서 데리다적 분석을 통해 설명과 비평을 하게 되어 있다. 그것은 그룹에 가까이 있는 유일한 전문가를 대체하는 것이고, 대중의 권력화에 의한 탑다운식의 명령과 특정한 것에 의한 보편성이 그것이다. 그러한 언어적 전술은 특정 실천과 상호연결되어 있는 것으로 말하기 대 글쓰기의 특성화에서 데리다가 이야기한 특권화로의 희생물로 전락된다. 대중적 실천주의는 이미 진짜와 같은 핵심과 종족, 무언가 즉시성과 관계맺음의 자연법칙을 암시한다

(PEVRAV, 2008, p. 11). 마치 사람들이 그들이 변화하기를 추구하는 것과 그것을 변화시키기로 원하는 것이 무엇인지에 대해 알 수 있거나 동의할 수 있는 것처럼 '실제적인 변화' 에 대한 주장이 있는 실천주의 속에서 문제들이 발생한다. 그것이 그 자신의 동기와 그것의 원인의 명백함을 충족하자마자, 적어도 그것은 데리다의 용어로 보자면 자체의 급진성에 대한 요구를 포기한다.

급진주의에 대한 데리다의 요구는 따라서 문제가 되는 끊이지 않는 결정 불능성인 아포리아에 어쩔 수 없이 동의하는 것을 포함하고 있다. 그러한 동의는 우리가 어떤 것도 하지 않는다는 것, 일종의 아무것도 하지 않는 니힐리즘을 뜻하지는 않는다. 그러나 그것은 계속되는 대화와 행동이 필요함을 의미한다. 만인을 위한 정의, 주변화된 것의 권력화, 소득의 공정한 분배, 핵심 가치, 동의 관계자들 사이의 합의와 같이 그러한 행위가 이상적인 것에 호소할 수도 있는 한 그것은 움직이는 중심이다.

급진적 교수법

교육은 도시 행동주의의 탐구와 차례로 데리다적 급진주의에 있어서 결실이 있는 과정을 제공한다. 많은 측면에서, 대학은 실무에 대한 모델과 그리고 건축실무에 대한 것을 제공한다. 대학이 대부분의 전문직업의 출발점을 제공함에 따라 대학을 전문 직업 실무의 산포와 영속화에 책임이 있는 것으로 생각되기 쉽다. 물론, 대학들은 또한 실행에 대응하고 때때로 사업적 실행과 열망과 분쟁을 일으키기도 한다.

1980년대에 들어서서 문학연구에 데리다의 해체의 소개서를 볼 수 있었다. 형이상학에 대한 그의 철학적 결론으로서, 문학에 대한 그의 접근방식과 그의 글쓰기 방식만큼이나 많은 관심이 있었다. 문학연구는 주로 학계의 관심사항이었다. 그래서 해체는 교육 분야와 관련되어 있다

(Atkins and Johnson, 1985; Johnson, 1985; Ulmer, 1985; Zavaradeh and Morton 1986-1987). 교육철학자 그레고리 울머는 정치적 실천주의에 동조하는 관계에서의 급진적 교수법에 대해서 기술하고 있다. '카니발이 한때 교회에서 그랬던 것처럼 해체적인 급진적 교수법도 과학에 마찬가지로 그렇게 하는 것' 이다(1985, p. 61-62). '커리큘럼과 관련하여' 카니발의 불경은 교리의 '질서' 의 전도를 의미한다. '울머에 따르면, 그 자체의 권위와 관련한 교리의 불확실성과 의심은 그들이 교리의 불확실성과 그 자체의 권위, 즉 수면 아래 있는 위협과 그것의 권위에 말할 수 없는 도전에 대한 의심들에 노출되기 전에 수년을 기다려야만 한다. 어떠한 교리의 내부적 "미스터리"는 그것의 질서나 일관성이 아니라 무질서, 비일관성, 그리고 임의성이다 (1985, pp. 61-62). 울머에 따르면, 급진적 교수법은 학생들이 전문가로서 입문하는 것을 우회하는 것과 그것의 가정된 절대성인 교리의 기초와 그것의 파괴적인 본성인 일시적인 것 모두에 대립하는 것을 가능하게 한다.

이 책 전체를 통해 내가 제시했듯이, 건축학교의 디자인 스튜디오는 이러한 실험적인 급진적인 도전의 역할을 수행할 수 있다. 이후에는 실무에서 흔하게 나타난다. 그들의 실수와 보수주의와 한계와 변조에도 불구하고, 제도로서의 대학교와 대학들은 잠재적인 사이트들에게 데리다에 의해 옹호되는 급진적 사유를 제공한다. 그런데 그것은 버나드 츄미와 피터 아이젠만의 학문적 교수법, 글쓰기 그리고 건축 실무를 통해 논쟁적으로 그를 우선적으로 건축으로 이끌었다. 데리다가 다루었던 건축가들은 실무자임과 동시에 교육자들이었다. 디자인 스튜디오는 초기의 바우하우스 교육방식에서 뚜렷이 나타나는 것과 같이 항상 유희의 장소였다. 디자인 스튜디오는 또한 다른 것들 가운데, 얼마나 많이 제거된 급진적 해체주의 교수법이 무정부주의로부터 벗어날 수 있을지를 증명하는 역할을 한다.

그래서 해체의 진짜 위험성은 해체 자체의 담론 속에서 제도화된 점이었다. 데리다의 문제는 정상화(표준화)될 수 있다는 위협이다. 데리다에게 있어서 그 문제는 표준화의 위협이다. 해체주의적, 무정부주의적 혹은 실천가 디자인 스튜디오가 규범이 된다면 어찌 될 것인가? 갈라퍼에 따르면, '비정상적인 것, 불가지론적 담론을 가르치려고 하는 어떠한 시도도 그것을 규범화할 것이며 그것을 설립된 교리로 바꾸어 놓게 될 것이다' (1992, p. 313). 데리다에게 있어서, 최악의 두려움은 보수주의에 의해 해체주의가 이용당하는 것이다. 해체주의가 설립해놓은 복잡성은 전체적인 급진적 프로젝트가 그 자체로 '사회-정치적 세력' 이나 '위계를 재생산하는 것' 에 의해 이용당할 수도 있다는 것이다(Derrida, 1983, p. 17). 우리가 보아왔던 바대로, 데리다는 이러한 위험이 불가피하다고 생각한다. 그것은 미래 그 자체의 위험이다(1983, p. 17).

급진적 매체

현대 실천주의의 테크닉중 하나는 의사소통하고 민중의 행동을 움직이게 만들기 위한 새로운 미디어와 특히 이동전화 네트워크와 인터넷의 전유이다. 최초로 인터넷을 사회적으로 사용한 것은 1985년 창조된 온라인상의 자립 게시판 시스템인 WELL(Whole Earth 'Lectronic Link')의 구성을 포함하고 있다(Rheingold, 1993). 더욱 최근의 이동전화 네트워크는 대중저항운동에 있어서 중요한 역할을 수행해왔다(Rafael, 2006). 전자 미디어는 결국 새롭고 다양한 접근방식, 사용자가 창조한 고도로 산포된 기록물저장소를 유지하고 있다.

의사소통가능성에서 이러한 발전이 나란히 만들어진 웹 페이지 사이의 상호 연결에서 뚜렷하게 볼 수 있는 문서의 상호연결인 하이퍼텍스트를 창조하는 것이다. 하이퍼텍스트는 급진적인 텍스트의 비중심화와 저작화와 다큐멘트화의 대표적인 것으로 몇몇 사람들에 의해 받아들여졌다.

조지 랜도우는 문학을 생각해낸 방식의 옹호자들 중 한사람이다. '우리는 하이퍼텍스트를 선적이고 튀어나가고, 고정된 품질의 전통적으로 쓰인 텍스트를 초월하기 위해 컴퓨터를 사용하는 것' 으로 생각할 수 있지만 결국 '선적이고, 튀어나가고 고정되는 것' 이다(Landow, 1994; Landow and Delany, 1994, p. 3). 그래서 하이퍼텍스트 문서는 그 자체와 다른 문서들과 함께 교차 연결되어 있고 상호 연결되어 있어서 독자들은 텍스트에 의해 제기된 사유의 길들을 탐험하거나 심지어 코멘트와 주석에 기여할 수도 있다. 그런데, 그것은 차례차례로 공유되고 하이퍼링크된다. WWW (World Wide Web)는 20세기에 시작되었던 것이다. 특히 검색보다 링크가 덜 특화되어 있기는 하지만 위키피디아 Wikipedia와 같은 Web 2.0 서비스에서의 사례를 들 수 있다. 위키피디아는 내비게이션, 검색 기능을 수행하고 진정한 저장소인 백과사전 표제어의 권위에 있어서 자신감을 개선하기 위해 고도로 구조화되고 도구화된 태그와 일시적 표시, 흔적 기록과 다른 도구가 필요하다. 사용자 중심의 블로그와 코멘트들의 폭발적 성장이 있는 이른바 시민의 저널리즘은 올려진 템플릿에 형식화된 페이지들로 등장하는 표제어와 함께 유사하게 검색 가능한 데이터베이스에 근거한다. 하이퍼텍스트의 이상적인 것과는 대조적으로, 독자는 자유로운 형태의 민주적으로 무질서한 텍스트를 원하는 것처럼 보이지는 않는다. 하이퍼텍스트 링크는 구글과 같은 검색 엔진을 통해 특별하게 공급되는 전 지구적 규모의 색인과 검색기능이 있는 극도로 빠른 저장, 접근과 포맷으로 어디에서나 작동함으로써 대개 적어도 실무에서 대체되어 왔다. 하이퍼텍스트는 인터넷에서 무엇이 쓰이던 간에 대량으로 색인이 되어 있는 기록물 저장소가 되어왔다. 그것은 더욱 상호텍스트성보다는 기록물 저장소의 개념에 더욱 공통적인 것처럼 보인다.

그러나 특정 문학 이론가들은 하이퍼텍스트를 데리다의 텍스트와 글쓰기의 이해와 결합시키는데 몰두하고 있다. 이전 챕터에서 탐구한 것과 같이, 바바라 존슨 Barbara Johnson은 '상호텍스트성' 이라는 수사어구를 통해서 그가 다루고 있는 텍스트에 대한 데리다의 접근방식을 기술하고 있다. 챕터 3에서 이미 보았듯이, 그가 플라톤의 파이드러스에 대한 설명에서 그리고 파마콘(마시는 약)의 생각을 통해서, 데리다는 연쇄적인 결합을 통해 그의 논쟁을 구성하는데, 많은 것(마약, 독, 화장품, 마술사, 속죄양)들이 어느 독자가 텍스트 속에서 제도화된 의미로서 생각할 수 있는 것을 넘어서는 것이다. 그의 글을 통하여 데리다는 단순히 묘사적인 것이 아닌 풍부하고 지칠 줄 모를 것 같은 참조사례들을 만들어낸다. 이렇게 미시적인 해부학적 연구들은 마치 핵심 혹은 정수를 추구하면서 혹은 저자의 무의식으로의 조사되는 요청에서 그런 것처럼, 텍스트에 대한 더 깊은 해석에 대한 요청에 근거하는 것은 아니다(Johnson, 1981). 분석은 표면에서 작동한다. 혹은 적어도 깊은 해석이라는 개념을 문제화시킨다. 우리가 보아온 대로 상호텍스트성은 데리다의 스타일을 설명하는데 있어서 유용한 수사이다. 그리고 그것은 건축적 글쓰기를 포함하여 특정 실험적 글쓰기 작업을 상기시키는 것이다(Martin, 1990).

상호텍스트성에 대한 데리다의 개념은 하이퍼텍스트의 초기옹호자들에게 상실된 것은 아니다. 랜도우 Landow에게 있어서, '하이퍼텍스트'는 가장 난처하게도 그러한 개념들에 대한 문자적 구체화를 창조하고 있다(Landow and Delany, 1994, p. 6). 물론, 하이퍼텍스트성의 옹호가 몇몇 종류의 주요한 믿을만한 의사소통 행위에 호소하는 한, 그것은 데리다적인 비판에 종속될 것이다. 예를 들어 언어 이론가 제이 볼터 Jay Bolter는 만약 아리스토텔레스나 플라톤의 원본 텍스트가 하이퍼텍스트 형태로 번역된다면 그것이 이러한 텍스트들의 무언가 '그들의 근원적, 대화적 어투'가 있는 것으로 회복시키는 것이 가능하게 될 것이다(1994, p. 116). 여기에서의 요구는 하이퍼텍스트가 우리를 대화와 말하기로 되돌아가게 한다는 것이다. 그런데 그것은 결국 사유에 대해 글을 쓰거나 인쇄하는 것을 행하는 선적이고 거리가 떨어져 있고 강요하는 과정보다는 확실히 더 인간적이다. 데리다적으로 하이퍼텍스트성에 대해 비판하는 것은 믿을만한 의사소통의 망상, 거기에서 유래한 형이상학에 몰두하고 있음을 보여준다.

데리다적으로 하이퍼텍스트성에 대해 비판하는 것은 믿을만한 의사소통의 망상, 거기에서 유래한 형이상학에 몰두하고 있음을 보여준다.

새로운 미디어의 급진적 전유는 또한 데리다가 또한 말할 무언가를 가지고 있는 선물 사회라는 급진적 수사어구를 통해서 창조와 고안의 민주화를 제공하고 있다. 온라인상의 커뮤니티들이 즉각적인 보답이나 대가를 바라지 않고 사유와 데이터, 텍스트 그리고 소프트웨어를 발전시키고 폭로시키는데 준비된 것처럼 보이는 것은 잘 알려져 있는 사실이다. 나는 다른 곳에서 디자인적인 시각에서 디지털 경제의 이러한 양상을 탐구하고 있다(Coyne, 2005). 여기에서 선물의 개념이 인류학에서 연중 끊이지 않는 관심거리라는 것만 말해두고자 한다(Mauss, 1990). 그리고 데리다는 그의 책 『주어진 시간: 1, 가짜 돈 Given Time: 1, Counterfeit Money (1992)』에서 그 개념을 상세히 탐구한다. 여기서 데리다는 샤를 보들레르가 두 명의 신사와 거리의 거지 사이에서 일어난 간략한 교환에 대해 쓴 짧은 이야기를 통해 선물에 대한 주제를 탐구한다. 한 신사가 다른 사람보다 더 많은 돈을 준다. 그러나 그 거지는 잠재적으로 위험에 처해있다. 관대하게 준 비싼 동전이 사실 가짜이고 그것을 가지고 음식을 사려고 교환하고자 한다면 그 거지는 심각한 문제에 빠질 수 있을 것이다. 이렇게 선물하는 순간은 일련의 차이를 증폭시키는 것으로 작용한다. 진짜와 가짜, 공정하고 공정하지 않은 행위의 이슈는 정말로 중요성이 떨어진다. 데리다에게 그 선물은 다양하게 화해할 수 없는 차이를 보이고 있다는 점에서 그리고 그러한 선물이 또한 일반적으로 의사소통, 언어, 상업행위 그리고 사회에 대한 모델을 제공함으로써 속성상 이러한 방식에서 위험한 것이다. 관대함, 애타주의, 권위가 없는 자기 조직화, 목적이라는 민중이라는 일반시민, 건축적 실천주의는 진짜, 가짜의 행위라는 문제에 의해 침투되는 것이다.

기록 보관소에 대해 데리다가 반추한 것으로 되돌아보면, 데리다는 의사소통이 이제 가능한 속도를 인식한다. 예를 들어 전자 메일은 우편 서비스보다 훨씬 빠르다. 그러나 그것은 더욱 중요한 이유로 인해 특권이 있다.

> 오늘날의 전자메일과 심지어 팩스 이상의 것은 인간성 전체의 공공과 사적공간을 변화시키는 방향으로 나아가고 있다. 그리고 무엇보다도 사적인 것과 비밀스러운 것(개인적이거나 공공적인 것)으로 나아가고 있다.
>
> (Derrida and Prenowitz, 1995, p. 17)

이렇게 순간성이 증가하는 것과 더욱 믿을 수 있게 상호 대화시스템으로 접촉하는 것이 사람들을 더욱 가깝게 만든다고 생각하지 않기 위해 우리는 그것이 이것보다 더 중요한 다른 효과가 있음을 상기해야만 한다. 기록물 보관소에 대한 그의 글에 대한 비평에서, 로러Lawler는 데리다를 다음과 같이 요약하고 이다. '속도가 빨라졌음에도 불구하고 이메일은 편지를 비인간화시킨다. 그것은 여전히 흔적이고 불명확한 도관(導管)화iterability로 귀결된다. 도관화는 항상 무언가 각자의 인생으로부터 나온 문서를 바꾸어 놓는다(p. 99). 그것을 아버지와 다른 사람들의 아버지들에게 보내면서' (Lawlor, 1998, p. 798) 현대의 학식이 있는 상호연결과 모든 것에 대한 접근성과 대화의 즉시성을 보존시키는 것을 가치 있게 만든다고 하더라도, 데이터는 결국 기록물 보관소의 조건에 종속될 것이다. 그것은 저장되고 접근되고 복사되고 이동된다. 그것은 파괴이면서 보존이기도 하다.

데리다의 사유는 디지털 매체가 더욱 유기적인 건축으로의 회귀를 예언하는 요구를 포함하여(Lynn, 2004), 건축의 컴퓨터와의 다른 반응을 비판하는 것뿐만 아니라, 네트워크화 된 매체를 통해 건축 실무의 민주화라는 비판으로 정리될 수 있다(PEVAV, 2008). 그것은 가상의 건축과 여러 가지 취향의 새로운 디지털 건축을 통해 우리가 새로운 리얼리티에서 거주할 수 있다.

건축이 구축을 통해 의미를 전달하고 보존되기 위한 제도인 한, 기록보관소의 문제에 있다는 것을 유사하게 암시한다. 데리다에게 있어서, 기록보관소에서 건축의 투자는 수집의 기쁨과 잊고자 하는 의지를 나타내는 것이다. 내가 여러 번 참조했듯이, 건축의 급진적 잠재성을 현실화하는 첫 번째 단계는 상상속의, '불변성(상수)' 와 그 자체의 제도적인 것과 제도화된 가르침에 있는 그 자체의 투자를 인식하고 도전하는 것이다. 그것은 '주거' 의 가장 중요한 것이며, 건축의 유산이자 기원이고 그 자체의 목적이자 미학이다. 데리다는 건축에서 '아름다움, 조화, 그리고 통합성의 가치' 가 여전히 지배적이라는 점에 주목한다. 그 도전은 '형이상학의 마지막 요새' 로서의 건축의 역할에 항복하는 것이다(1986, p. 309).

그렇기 때문에 데리다의 연구는 그렇게 결론을 내리는 것이며 이 챕터에서 데리다를 20세기의 지적 지형 속에 위치시키고자 시도하는 것이다. 1980년대와 1990년대에 실행된 건축에서의 해체는 데리다의 지적 생명력에 기여가 되는 부분을 빠뜨렸다는 것은 새롭지도 않고 놀랄만한 통찰도 아니다. 그리고 심지어 건축적 해체운동 자체 내의 비판으로서 제도화된 것이다. 데리다의 사유는 건축을 구성하고 상호 반응하는 건축과 환경 그리고 커뮤니티와 기관들의 더 많은 이해에 도움을 주는 저자들과 실무자들과 비평가들의 주인(호스트)들 가운데 해체로 알려진 건축 운동을 초월하여 생명력을 가지고 있다. 내가 여러 번 강조한 바와 같이, 데리다가 건축에 제공한 교훈은 그의 결론의 중요성만큼이나 그의 논쟁과 프레젠테이션의 전략에 속한다. 상호텍스트성이라는 수사는 철학적 연구와 건축 디자인 사이의 도움이 되는 결합을 제공한다. 디자인은 결국 풍부하게 상호 텍스트적 실행을 하는 연결과 분해의 과정이다.

나는 이 책에서 단지 데리다의 급진적이고 자극적인 건축에 대한 사유의 몇몇 영향에 대해서 다루어져 왔다. 거기에는 데리다와 건축가들과의 만남이라는 역사의 엄격한 연구의 광대한 영역이 있다. 그것은 그의 사유가 어떻게 다른 영향력 있는 사상가들과 접속되는가와 우리가 어떻게 다르게 그 직업과 건축제도를 이러한 연구를 통해 생각할지 그리고 건축이 만들어 내는 많은 실무 작업이 어떻게 변화시키고 고쳐나갈 수 있는지에 대한 세부적인 분석이다.

역자후기

해체주의는 단순히 사멸된 사조가 아니다.

건축에서 해체주의는 1980년대 말부터 1990년대 중반까지 전 세계에 걸쳐 논의되고 활발하게 조형활동이 이루어졌던 사조이나 이미 사멸된 것으로 치부되는 것이 일반적이다. 해체주의는 흔히 파괴적 욕망을 드러내는 표현이 주가 되는 사조 혹은 조크 joke 정도로 오해되곤 한다. 또한 해체주의는 세기말의 시기에 강대국의 문화제국주의적 도구로 사용된 측면도 부정할 수 없으며 그로 인해 시효가 소멸된 것으로 생각할 수도 있다. 해체라는 단어 자체의 파괴적 이미지와 건축적 표현이 그러한 오해를 양산시킨 측면이 강하다.

그러나 해체주의는 인류가 의사소통이 있는 한, 언어라는 매체와 함께 글쓰기라는 행위를 하는 이상 절대로 사라질 수 없는 글쓰기의 근원을 다루는 담론이다. 언어구조와 밀접한 관련을 맺고 있는 건축 역시 제도판의 선긋기 혹은 컴퓨터 CAD 프로그램 상에서 도면화를 위해 선을 생성시키는 행위(글쓰기의 행위)가 존재하는 한 해체주의 담론에서 자유로울 수 없다. 해체 담론은 계속해서 발전되어 나가야 하는 담론이다.

주체와 객체 '사이'에 유령과 같이 이미 들어와 있는 해체의 진정한 의미는 기존의 사회 구조 속에서는 표현하거나 드러낼 수 없었던 요소들이 온전하게 드러나게 하고 표현될 수 있게 되어 기존구조의 부족함을 보충하여 안정시키는 것에 있다. 해체보다는 오히려 안정화에 가까운 담론이라고 보아야 할 것이다.

이렇듯 해체의 진정한 의미를 이해하기 위해서는 데리다의 다양한 상징적인 설명과 매력적이지만 지난한 비유를 이해해야만 한다. 주체와 객체를 끊임없이 오가면서 벌어지는 씨줄과 날줄의 짜기와 같은 상호텍스트성, 차연, 산포 등의 친숙한 해체적 개념과 이들을 설명하는 다양한 키워드의 비유를 알아야 하며 건축적으로 기존 콘텍스트와 새로운 것 사이의 끊임없는 왕복과 해석을 요구한다.

데리다에 대한 본 번역서는 비교적 데리다를 건축적 입장에서 충실하게 이해할 수 있도록 쉽게 설명되어 있다. 본 번역서가 후기구조주의 시대에 건축의 언어적 측면의 담론을 다시 한 번 숙고할 수 있는 기회가 되는 작은 역할을 할 수 있었으면 하는 바람이다.

2012. 2. 임기택

더 많은 독서를 위한 주석

더 깊이 연구하고자 하는 독자들은 언어에 대한 데리다의 핵심적인 사유를 살펴보기를 권장한다. 특히 구조주의로부터 도출된 것으로서, 잘 설명되어 있는 책은 다음과 같다.

Culler, J. *On Deconstruction: Theory and Criticism after Structualism*, London: Routledge, 1985

Norris, C., *Deconstruction: Theory and Practice*, London: Routledge, 2002.

Hawkes, T., *Structualism and Semiotics*, London: Routledge, 2003

온라인과 유튜브에서 볼 수 있는 데리다와 함께 한 많은 발췌록과 인터뷰들이 있다. 이것들은 그의 경력에서 마지막 단계에 해당되는 것이다. 단순하게 '데리다' 라는 제목이 붙여진 다큐멘터리는 독자에게 데리다의 개성과 카리스마 그리고 영향력이 강력하다는 느낌을 제공하고 있다. 매체와 동일하게 그것은 그에 작업에 대한 적절한 보충자료이다. 그 DVD는 '아웃테이크' (촬영후 상영필름에서 컷한 것)를 포함하고 있고, 피터 아이젠만이 몇 마디 이야기를 한다. 거기에는 건축에 대한 불충분한 직접적 참조물이 있다.

Dick, K. and A Ziering Kofman, *Derrida*, Los Angeles: Jane Doe Films Inc, 2002

데리다의 다른 작업 중에, 나는 『산포 Dissemination』라고 제목 붙여진 에세이 모음집을 추천하고자 한다. 바바라 존슨이 쓴 소개서는 간명하고 권위가 있고 뜻 깊은 책이다. 그 책은 데리다의 확장된 에세이 플라톤의 조제술을 포함하고 있는데, 그것에서 나는 디자인 감수성이 있는 사람들에게 데리다가 호소하는 것이 가장 최고로 증명한다고 생각한다.

Derrida, j., *Dissemination*, trans. B. Johnson, London: Athlone, 1981

여러 가지의 핵심적인 커다란 포맷의 책들이 데리다와 건축의 연결고리를 증명하고 있다.

Papadakis, A., C. Cooke and A. Benjamin(eds), *Deconstruction: Omnibus Volume*, London: Academy Editions, 1989

Broadbent, G. and J. Glusberg(eds), *Deconstruction: A Student Guide*, London: Academy Editions, 1991

Kipnis, J. and T. Leeser(eds), *Chora L Works: Jaques Derrida and Peter Eisenmann*, New York: Monacelli Press, 1997

마크 위글리의 책은 독서에 있어서 확실한 배경에 대한 이해를 가정하여 아마도 건축의 해체라는 주제에 대한 고급 독서를 구성할 것이다.

Wigley, M., *The Architecture of Deconstruction: Derrida's Haunt*, Cambridge, MA: MIT Press, 1995

참고문헌

Adorno, T.W., *The Culture Industry: Selected Essays on Mass Culture*, London: Routledge, 1991.

Alexander, C., S. Ishikawa and M. Silverstein, *A Pattern Language: Towns, Buildings, Construction*, New York: Oxford University Press, 1977.

Allen, R.E., *Greek Philosophy: Thales to Aristotle*, New York: Free Press, 1985.

Aragon, L., *Paris Peasant*, trans. S.W. Taylor, Boston: Exact Change, 1994.

Arendt, H., *The Human Condition*, Chicago, IL: University of Chicago Press, 1958.

Aristotle, *The Ethics of Aristotle: The Nicomachean Ethics*, trans. J.A.K. Thomson, London: Penguin, 1976.

Atkins, D.G. and M.L. Johnson (eds), *Writing and Reading Differently: Deconstruction and the Teaching of Composition and Literature*, Lawrence, KA: University of Kansas Press, 1985.

Augé, M., *Non-places: Introduction to an Anthropology of Supermodernity*, trans. J. Howe, London: Verso, 1995.

Augoyard, J.-F., Step by *Step: Everyday Walks in a French Urban Housing Project*, trans. D.A. Curtis, Minneapolis: University of Minnesota Press, 2007.

Augustine, *Confessions*, trans. H. Chadwick, Oxford: Oxford University Press, 1991.

Ballantyne, A., *Deleuze and Guattari for Architects*, London: Routledge, 2007.

Barthes, R., *Mythologies*, trans. A. Lavers, London: Paladin, 1973.

Benedikt, M., *Cyberspace: First Steps*, Cambridge, MA: MIT Press, 1994.

Benjamin, A., *Architectural Philosophy*, London: Athlone, 2000.

Benjamin, W., 'The work of art in the age of mechanical reproduction', in H. Arendt (ed.), *Illuminations*, London: Fontana, 1992, 1-58.

Benjamin, W., *The Arcades Project*, trans. H. Eiland and K. McLaughlin,

Cambridge, MA: Harvard University Press, 2000.

Bernstein, R.J., *Beyond Objectivism and Relativism*, Oxford: Basil Blackwell, 1983.

Betti, E., 'Hermeneutics as the general methodology of the Geisteswissenschaften', in G.L. Ormiston and A.D. Schrift (eds), *The Hermeneutic Tradition: From Ast to Ricoeur*, Albany, NY: State University of New York Press, 1990, 159-197.

Bolter, J.D., 'Topographic writing: Hypertext and the electronic writing space', in P. Delany and G.P. Landow (eds), *Hypermedia and Literary Studies*, Cambridge, MA: MIT Press, 1994, 105-118.

Breton, A., *Nadja*, trans. R. Howard, New York: Grove Press, 1960.

Breton, A., *Manifestoes of Surrealism*, Ann Arbor, MI: University of Michigan Press, 1969.

Brisson, L. and F.W. Meyerstein, *Inventing the Universe: Plato's Timaeus, the Big Bang, and the Problem of Scientific Knowledge*, Albany, NY: State University of New York Press, 1995.

Broadbent, G. and J. Glusberg (ed.), *Deconstruction: A Student Guide*, London: Academy Editions, 1991.

Caputo, J.D., *Radical Hermeneutics: Repetition, Deconstruction, and the Hermeneutical Project*, Bloomington, IN: Indiana University Press, 1987.

Colquhoun, A., *Modernity and the Classical Tradition: Architectural Essays 1980-1987*, Cambridge, MA: MIT Press, 1989.

Cooke, C., 'Russian precursors', in A. Papadakis, C. Cooke and A. Benjamin (eds), *Deconstruction: Omnibus Volume*, London: Academy Editions, 1989, 11-19.

Corbusier, L., *Towards a New Architecture*, trans. F. Etchells, New York: Dover, 1931.

Coyne, R., *Designing Information Technology in the Postmodern Age: From Method to Metaphor*, Cambridge, MA: MIT Press, 1995.

Coyne, R., *Technoromanticism: Digital Narrative, Holism, and the Romance of the Real*, Cambridge, MA: MIT Press, 1999.

Coyne, R., *Cornucopia Limited: Design and Dissent on the Internet*, Cambridge, MA: MIT Press, 2005.

Coyne, R., 'Creativity and sound: The agony of the senses', in T. Rickards, M.A. Runco and S. Moger (eds), *The Routledge Companion to Creativity*, London: Routledge, 2008, 25-36.

Culler, J., *On Deconstruction: Theory and Criticism after Structuralism*, London: Routledge, 1985.

Davis, D.A., 'Freud, Jung, and psychoanalysis', in P. Young-Eisendrath and T. Dawson (eds), *The Cambridge Companion to Jung*, Cambridge: Cambridge University Press, 1997, 35-51.

de Certeau, M., *The Practice of Everyday Life*, trans. S. Rendall, Berkeley, CA: University of California Press, 1984.

de Zegher, C. and M. Wigley (eds), *The Activist Drawing: Retracing Situationist Architecture from Constant's New Babylon to Beyond*, Cambridge, MA: MIT Press, 2001.

Deleuze, G. and F. Guattari, *Anti-Oedipus: Capitalism and Schizophrenia*, New York: Viking Press, 1977.

Deleuze, G. and F. Guattari, *A Thousand Plateaus.- Capitalism and Schizophrenia*, trans. B. Massumi, London: Athlone Press, 1988.

Derrida, J., 'Structure, sign, and play in the discourse of the human sciences', in *Writing and Difference*, London: Routledge, 1966, 278-294.

Derrida, J., 'White mythology: Metaphor in the text of philosophy', *New Literary History*, 61, 1974, 5-74.

Derrida, J., *Of Grammatology*, trans. G.C. Spivak, Baltimore, MD: Johns Hopkins University Press, 1976.

Derrida, J., *The Postcard: From Socrates to Freud and Beyond*, trans. A. Bass,

Chicago, IL: Chicago University Press, 1979.

Derrida, J., 'Plato's pharmacy', in *Dissemination*, trans. B. Johnson, London: Athlone, 1981, 61-171.

Derrida, J., 'Différence', in *Margins of Philosophy*, Chicago, IL: University of Chicago Press, 1982a, 3-27.

Derrida, J., 'Signature event context', in *Margins of Philosophy*, Chicago, IL: University of Chicago Press, 1982b, 307-330.

Derrida, J., 'Tympanum', in *Margins of Philosophy*, Chicago, IL: University of Chicago Press, 1982c, ixóxxix.

Derrida, J., 'The principle of reason: The university in the eyes of its pupils', *Diacritics*, 13, 1983, 3-20.

Derrida, J., 'Point de Folie: Maintenant ('architecture', in N. Leach (ed.), *Rethinking Architecture: A Reader in Cultural Theory*, London: Routledge, 1986, 305-317.

Derrida, J., *Edmund Husserl's 'Origin of Geometry': An Introduction, trans.* J.P. Leavey, Lincoln, NE: University of Nebraska Press, 1989a.

Derrida, J., 'Jacques Derrida in discussion with Christopher Norris', in A. Papadakis, C. Cooke and A. Benjamin (eds), Deconstruction: *Omnibus Volume*, London: Academy Editions, 1989b, 71-78.

Derrida, J., *Given Time: 1. Counterfeit Money*, trans. P. Kamuf, Chicago, IL: University of Chicago Press, 1992.

Derrida, J., *Aporias*, trans. T. Dutoit, Stanford, CA: Stanford University Press, 1993.

Derrida, J., 'Chora', in J. Kipnis and T. Leeser (eds), *Chora L Works*, New York: Monacelli Press, 1997, 15-32.

Derrida, J. and H.P. Hanel, 'A letter to Peter Eisenman', *Assemblage*, 12, 1990, 6-13.

Derrida, J. and E. Prenowitz, 'Archive fever: A Freudian impression', *Diacritics*,

25: 2, 1995, 9-63.

Descartes, R., *Discourse on Method and the Meditations*, trans. F.E. Sutcliffe, Harmondsworth: Penguin, 1968.

Dick, K. and A. Ziering Kofman, *Derrida*, Los Angeles: Jane Doe Films Inc, 2002.

Donougho, M., 'The language of architecture', *Journal of Aesthetic Education*, 21:3, 1987, 53-67.

Durand, J.-N.-L., *Précis of the Lectures on Architecture*, trans. D. Britt, Los Angeles, CA: Getty Research Institute, 2000.

Eisenman, P., 'Post/El cards: A reply to Jacques Derrida', *Assemblage*, 12, 1990, 14-17.

Eliade, M., *The Two and the One*, trans. J.M. Cohen, London: Harvill Press, 1965.

Esslin, M., *The Theatre of the Absurd*, London: Eyre and Spottiswood, 1961.

Evans, R., 'Towards anarchitecture', *Architectural Association Quarterly*, 2: 1, 1970, 58 and 69.

Feenberg, A., *Transforming Technology: A Critical Theory* Revisited, Oxford: Oxford University Press, 2002.

Foucault, M., 'Of other spaces', *Diacritics*, 16: 1, 1986, 22-27.

Freud, S., 'The "uncanny" ', in A. Dickson (ed.), *The Penguin Freud Library, Volume 14: Art and Literature*, Harmondsworth: Penguin, 1990, 335-376.

Freud, S., 'Three essays on the theory of sexuality', in A. Richards (ed.), *The Penguin Freud Library, Volume 7: On Sexuality*, Harmondsworth: Penguin, 1991, 31-169.

Gadamer, H.-G., *Truth and Method*, trans. J. Weinsheimer, New York: Seabury Press, 1975.

Gallagher, S., *Hermeneutics and Education*, Albany, NY: State University of New York Press, 1992.

Giddens, A., *The Constitution of Society: Outline of the Theory of Structuration*, Cambridge: Polity, 1984.

Glendinning, M., *Architecture's Evil Empire? The Triumph and Tragedy of Global Modernism*, London: Reaktion, 2010.

Harris, R., *Foundations of Indo-European Comparative Philology 1800-1850 Volume 1*, Chippenham: Routledge, 1999.

Havelock, E.A., *The Muse Learns to Write: Reflections on Orality and Literacy from Antiquity to the Present*, New Haven, CT: Yale University Press, 1986.

Hawkes, T., *Structuralism and Semiotics*, London: Methuen, 1977.

Heidegger, M., *Being and Time*, trans. J. Macquarrie and E. Robinson, London: SCM Press, 1962.

Heidegger, M., 'Building, dwelling, thinking', in *Poetry, Language, Thought*, New York: Harper & Row, 1971, 143-161.

Heisenberg, W., *Physics and Philosophy: The Revolution in Modern Science*, New York: Harper & Row, 1958.

Hill, J., *Actions of Architecture: Architects and Creative Users*, London: Routledge, 2003.

Holmes, B., 'Do-it-yourself geopolitics: Map of the world upside down', in PEVRAV (ed.), *Urban Act: A Handbook of Alternative Practice*, Paris: European Platform for Alternative Practice and Research on the City, Atelier d'Architecture Autogeree, 2008, 300-306.

Huizinga, J., *Homo Ludens: A Study of the Play Element in Culture*, Boston, MA: Beacon Press, 1955.

Hyde, L., *Trickster Makes This World: Mischief, Myth and Art*, New York: North Point Press, 1998.

Jakobson, R. and M. Halle, *Fundamentals of Language*, The Hague: Mouton, 1956.

Jameson, F., *The Prison-House of Language: A Critical Account of Structuralism and Russian Formalism*, Princeton, NJ: Princeton University Press, 1972.

Jameson, F., *Archaeologies of the Future: The Desire Called Utopia and Other*

Science Fiction, London: Verso, 2005.

Jencks, C., 'Deconstruction: The pleasure of absence', in A. Papadakis, C. Cooke and A. Benjamin (eds), *Deconstruction: Omnibus Volume*, London: Academy Editions, 1989, 119-131.

Jencks, C. and G. Baird (eds), *Meaning in Architecture*, London: Barrie & Rockliff, 1969.

Johnson, B., 'Translator's introduction', in J. Derrida, *Dissemination, London*: Athlone, 1981, viióxxxiii.

Johnson, B., 'Teaching deconstructively', in G.D. Atkins and M.L. Johnson (eds), *Writing and Reading Differently: Deconstruction and the Teaching of Composition and Literature, Lawrence*, KA: University Press of Kansas, 1985, 140-148.

Kant, I. and P. Guyer, *Critique of the Power of Judgment, Cambridge*: Cambridge University Press, 2000.

Kipnis, J., 'Twisting the separatrix', *Assemblage*, 14, 1991, 30-61.

Kipnis, J. and T. Leeser (eds), *Chora L Works: Jacques Derrida and Peter Eisenman*, New York: Monacelli Press, 1997.

Klein, N., *No Logo*, London: Harper Perennial, 2005.

Koolhaas, R., 'Junk space', in R. Koolhaas, AMO and OMA (eds), *Content*, Cologne: Taschen, 2004, 162-171.

Kropotkin, P.A. and M. Shatz, *The Conquest of Bread and Other Writings*, Cambridge; New York: Cambridge University Press, 1995.

Lacan, J., *The Four Fundamental Concepts of Psychoanalysis*, trans. A. Sheridan, London: Penguin, 1979.

Lamont, M., 'How to become a dominant French philosopher: The case of Jacques Derrida', *American Journal of Sociology*, 93: 3, 1987, 584-622.

Landow, G.P., 'Hypertext as collage-writing', in P. Delany and G.P. Landow (eds), *Hypermedia and Literary Studies*, Cambridge, MA: MIT Press, 1994,150-170.

Landow, G.P. and P. Delany, 'Hypertext, hypermedia and literary studies: The state of the art', in P. Delany and G.P. Landow (eds), *Hypermedia and Literary Studies*, Cambridge, MA: MIT Press, 1994, 3-50.

Laugier, M.-A., *An Essay on Architecture*, trans. W. Herrmann and A. Herrmann, Los Angeles, CA: Hennessey and Ingalls, 1977.

Lawlor, L., 'Review: Memory becomes electra', *Review of Politics*, 60: 4, 1998, 796-798.

Lévi-Strauss, C., *Structural Anthropology 1*, London: Penguin, 1963.

Lynn, G. (ed.), *Folding in Architecture* (rev. edn), Chichester: Wiley-Academy, 2004.

Lyotard, J.-F., *The Postmodern Condition: A Report on Knowledge*, Manchester: Manchester University Press, 1986.

McEwen, I., *Vitruvius: Writing the Body of Architecture*, Cambridge, MA: MIT Press, 2003.

McLuhan, M., *The Gutenberg Galaxy: The Making of Typographic Man*, Toronto: University of Toronto Press, 1962.

McMahon, A., *Understanding Language Change*, Cambridge: Cambridge University Press, 1994.

Marcuse, H., *One-Dimensional Man: Studies in the Ideology of Advanced Industrial Society*, London: Routledge, 1991.

Martin, L., 'Transpositions: On the intellectual origins of Tschumi's architectural theory', *Assemblage*, 11, 1990, 22-35.

Marx, K., 'The Poverty of Philosophy', in D. McClellan (ed.), *Karl Marx: Selected Writings*, Oxford: Oxford University Press, 1977, 195-215.

Mauss, M., *The Gift: The Form and Reason for Exchange in Archaic Societies*, trans. W.D. Halls, New York: W.W. Norton, 1990.

Meadows, D.H., N.L. Meadows, J. Randers and W.W. Behrens, *The Limits of Growth, a Report for the Club of Rome's Project on the Predicament of*

Mankind, London: Potomac, 1972.

Michelfelder, D.P. and R.E. Palmer (eds), *Dialogue and Deconstruction: The GadameróDerrida Encounter*, Albany, NY: State University of New York Press, 1989.

Mikics, D., *Who Was Jacques Derrida? An Intellectual Biography*, London: Yale University Press, 2010.

Mill, J.S., *On Liberty*, London: Routledge, 1991.

Motycka Weston, D., 'Communicating vessels: Andre Breton and his atelier, home and personal museum in Paris', *Architectural Theory Review*, 11: 2, 2006, 101-128.

Norris, C., *Deconstruction: Theory and Practice*, London: Routledge, 1982. Ong, W.J., *Orality and Literacy: The Technologizing* of the Word, London: Routledge, 2002.

Papadakis, A., C. Cooke and A. Benjamin (eds), *Deconstruction: Omnibus Volume*, London: Academy Editions, 1989.

Papanek, V., *Design for the Real World: Human Ecology and Social Change*, New York: Pantheon, 1971.

Patin, T., 'From deep structure to an architecture in suspense: Peter Eisenman, Structuralism, and Deconstruction', *Journal of Architectural Education*, 47: 2, 1993, 88-100.

Pérez-Gómez, A., 'Chora: The space of architectural representation', in A. Pérez-Gómez and S. Parcell (eds), Chora *1: Intervals in the Philosophy of Architecture*, Montreal: McGill-Queen's University Press, 1994, 1-34.

PEVRAV, *Urban Act: A Handbook of Alternative Practice*, Paris: European Platform for Alternative Practice and Research on the City, Atelier d'Architecture Autogérée, 2008.

Piaget, J., *Structuralism*, trans. C. Maschler, New York: Basic Books, 1970

Plato, *The Timaeus of Plato*, trans. R.D. Archer-Hind, London: Macmillan, 1888.

Plato, *The Republic of Plato*, trans. F.M. Cornford, London: Oxford University Press, 1941.

Plato, *Timaeus and Critias*, trans. D. Lee, London: Penguin, 1965.

Plato, *Phaedrus*, trans. R. Waterfield, Oxford: Oxford University Press, 2002.

Popper, K.R., *The Poverty of Historicism*, London: Routledge & Kegan Paul, 1957.

Powell, J., *Jacques Derrida: A Biography*, London: Continuum, 2006.

Rafael, V., 'The cell phone and the crowd: Messianic politics in the contemporary Philippines', in W.H.K. Chun and T. Keenan (eds), *New Media Old Media*, London: Routledge, 2006, 297-314.

Rand, A., *The Fountainhead*, London: Grafton, 1972.

Rawes, P., *Irigaray for Architects*, London: Routledge, 2007.

Rendell, J., *Art and Architecture: A Place Between*, London: I.B. Tauris, 2006

Rheingold, H., *The Virtual Community: Homesteading on the Electronic Frontier*, Reading, MA: Addison Wesley, 1993.

Richards, K.M., *Derrida Reframed: A Guide for the Arts Student*, London: I.B Tauris, 2008.

Ricoeur, P., *Freud and Philosophy: An Essay in Interpretation*, trans. D. Savage, New Haven, CT: Yale University Press, 1970.

Rorty, R., *Contingency, Irony, and Solidarity*, Cambridge: Cambridge University Press, 1989.

Rorty, R., 'Remarks on deconstruction and pragmatism', in C. Mouffe (ed.), *Deconstruction and Pragmatism*, London: Routledge, 1996a, 13-18.

Rorty, R., 'Response to Ernesto Laclau', in C. Mouffe (ed.), *Deconstruction and Pragmatism*, : Routledge, 1996b, 69-76.

Rousseau, J.-J., *Essay on the Origin of Language*, trans. J.H. Moran and A. Gode, Chicago, IL: University of Chicago Press, 1966.

Rousseau, J.-J., *Confessions*, trans. A. Scholar, Oxford: Oxford University Press, 2008.

Runes, D.D., *Dictionary of Philosophy*, New York: Philosophical Library, 1942.

Ruskin, J., *The Seven Lamps of Architecture*, London: Everyman's Library, 1956.

Rykwert, J., *On Adam's House in Paradise: The Idea of the Primitive Hut in Architectural History*, Cambridge, MA: MIT Press, 1997.

Sallis, J., *Chorology: On Beginnings in Plato's* Timaeus, Bloomington, IN: Indiana University Press, 1999.

Saussure, F. de, *Course in General Linguistics*, trans. R. Harris, London: Duckworth, 1983.

Scholem, G.G., *Major Trends in Jewish Mysticism*, London: Thames & Hudson, 1955.

Scruton, R., *The Aesthetics of Architecture*, Princeton, NJ: Princeton University Press, 1979.

Seligmann, K. and C. Seligmann, 'Architecture and language: Notes on a metaphor', *Journal of Architectural Education*, 30: 4, 1977, 23-27.

Sellars, J., 'The point of view of the cosmos: Deleuze, romanticism, stoicism', *Pli (The Warwick Journal of Philosophy)*, 8, 1999, 1-24.

Sharr, A., *Heidegger's Hut*, Cambridge, MA: MIT Press, 2006.

Sharr, A., *Heidegger for Architects*, London: Routledge, 2007.

Shaw, R., *The Activist's Handbook: A Primer*, Berkeley, CA: University of California Press, 2001.

Smith, A., *The Theory of Moral Sentiments*, Indianapolis: Liberty Fund, 1984.

Snodgrass, A.B., *Architecture, Time and Eternity: Studies in the Stellar and Temporal Symbolism of Traditional Buildings, Volume 2*, New Delhi: Aditya Prakashan, 1990.

Snodgrass, A. and R. Coyne, *Interpretation in Architecture: Design as a Way of Thinking*, London: Routledge, 2006.

Sokal, A.D. and J. Bricmont, *Intellectual Impostures: Postmodern Philosophers' Abuse of Science*, London: Profile Books, 2003.

Soltan, M., 'Architecture as a kind of writing', *American Literary History*, 3: 2, 1991,405-419.

Summerson, J., *The Classical Language of Architecture*, Cambridge, MA: MIT Press, 1963.

Tafuri, M., *Architecture and Utopia: Design and Capitalist Development*, trans. B.L. La Penta, Cambridge, MA: MIT Press, 1996.

Taylor, A.E., *A Commentary on Plato's* Timaeus, London: Oxford University Press, 1928.

Tschumi, B., *Architecture and Disjunction*, Cambridge, MA: MIT Press, 1994.

Tschumi, B., 'Introduction', in J. Kipnis and T. Leeser (eds), *Chora L Works*, New York: Monacelli Press, 1997,125.

Turner, V., *The Forest of Symbols: Aspects of Ndembu Ritual*, Ithaca, NY: Cornell University Press, 1967.

Ulmer, G.L., 'Textshop for post(e)pedagogy', in G.D. Atkins and M.L. Johnson (eds), *Writing and Reading Differently: Deconstruction and the Teaching of Composition and Literature*, Lawrence, KA: University Press of Kansas, 1985, 38-64.

Urry, J., *The Tourist Gaze: Leisure and Travel in Contemporary Societies*, London: Sage, 1990.

Venturi, R., D. Scott Brown and S. Izenour, *Learning from Las Vegas: The Forgotten Symbolism of Architectural Form*, Cambridge, MA: MIT Press, 1993.

Vidler, A., *The Architectural Uncanny: Essays in the Modern Unhomely*, Cambridge, MA: MIT Press, 1995.

Vitruvius, P., *Vitruvius: The Ten Books on Architecture*, trans. M.H. Morgan, New York: Dover Publications, 1960.

Watkin, D., *Morality and Architecture: The Development of a Theme in Architectural History and Theory in the Gothic Revival to the Modern*

Movement, Oxford: Clarendon Press, 1977.

Wigley, M., 'Postmortem architecture: The taste of Derrida', *Perspectiva*, 23, 1987,156-172.

Wigley, M., *The Architecture of Deconstruction: Derrida's Haunt*, Cambridge, MA: MIT Press, 1995.

Wittgenstein, L., *Philosophical Investigations*, trans. G.E.M. Anscombe, Oxford: Blackwell, 1953.

Zavarzadeh, M. and D. Morton, 'Theory pedagogy politics: The crisis of the subject in the humanities', *Boundary*, 2: 15, 1986-1987, 1-22.

Žižek, S., The Sublime Object of Ideology, London: Verso, 1989.

찾아보기